U0347476

障碍型冷害对寒地粳稻生长发育的影响及外源ABA的防控效应

项洪涛 著

哈尔滨

图书在版编目（CIP）数据

障碍型冷害对寒地粳稻生长发育的影响及外源 ABA 的防控效应 / 项洪涛著. -- 哈尔滨 : 黑龙江大学出版社, 2018.8

ISBN 978-7-5686-0273-0

Ⅰ. ①障… Ⅱ. ①项… Ⅲ. ①冷害－影响－寒冷地区－粳稻－生长发育－研究 Ⅳ. ① S511.2

中国版本图书馆 CIP 数据核字 (2018) 第 185978 号

障碍型冷害对寒地粳稻生长发育的影响及外源 ABA 的防控效应
ZHANG' AIXING LENGHAI DUI HANDI JINGDAO SHENGZHANG FAYU DE YINGXIANG JI WAIYUAN ABA DE FANGKONG XIAOYING
项洪涛　著

责任编辑　张永生　王选宜
出版发行　黑龙江大学出版社
地　　址　哈尔滨市南岗区学府三道街 36 号
印　　刷　哈尔滨市石桥印务有限公司
开　　本　880 毫米 ×1230 毫米　1/32
印　　张　5.875
字　　数　132 千
版　　次　2018 年 8 月第 1 版
印　　次　2018 年 8 月第 1 次印刷
书　　号　ISBN 978-7-5686-0273-0
定　　价　18.00 元

目　　录

第1章　文献综述

1.1　研究材料介绍

水稻(*Oryza sativa* L.)是世界上重要的农作物之一,是全球第二大作物,是世界半数以上人口的主粮。水稻起源于热带地区,是喜温植物。水稻种植范围较广,包括温带地区、热带及亚热带地区内的高海拔区域,甚至是寒冷地区。虽然全球气候有变暖趋势,但我国东北地区夏季仍会频繁出现低温现象,低温是非生物胁迫,对水稻的生理状态会产生直接或间接的影响,并可负向干扰其所有的生理机能。在众多非生物胁迫因子中,低温对水稻的影响特别严重,因为水稻对低温非常敏感。当低温达到一定强度时会发生冷害,冷害是我国东北地区水稻生产中一个较为普遍的问题,与其他禾本科作物如小麦、大麦不同,水稻更容易受冷害影响,在营养生长阶段其可推迟各生育时期并延迟水稻抽穗,在生长过程中,低温可导致水稻花粉不育、降低结实率,严重减产。

本书重点研究了障碍型冷害对寒地粳稻生长发育的影响,同时也具体研究了外源脱落酸(ABA)对水稻抵御低温的效果。脱落酸,又称"逆境激素",广泛分布在植物界,它的生物合成主要发生在叶绿体和其他质体内,它在促进叶片气孔关闭、增强植物的抗逆性、促进种子正常发育等方面有重要的作用。ABA 一个重要的生理功能是提高植物的抗逆性,包括抗寒性。尽管作物的耐冷性及成熟率由遗传基础和环境条件共同决定,但外源植物激素能够在一定程度上起到调节作用。研究证实植物激素在植物的生长发育和产量形成中起重要的调节作用,植物激素参与胚的形成、组织发育、内含物的积累和转运过程。ABA 对植物生长的效果通常被认为起抑制作用,但近年来研究发现在发育器官中也存在 ABA,并且可能起促进生长的作用。大田条件下喷施 ABA 不仅没有抑制作物生长,反而可促进作物营养器官的生长和干物质的积累;研究表明孕穗期喷施 ABA 能够提高小麦的抗逆性并提高产量;另有报道指出,ABA 处理可以增加水稻的结实率,ABA 浸种能够提高水稻的产量,可使平均产量提高将近 10%,在水稻幼穗分化期喷施 ABA 也可提高产量。

目前,国内外学者关于 ABA 调节作物抵御非生物胁迫的机制的研究已经取得显著成果,并在外源 ABA 缓解水稻等作物抗逆领域开展了较为深入的研究,证实了外源 ABA 在作物抗逆上具有重要的调控作用。有报道指出,在低温胁迫下,外源 ABA 能提高玉米幼苗的抗寒能力;在对油菜的研究中也发现外源 ABA 能够增加幼苗的抗寒性;莫小锋等认为 ABA 处理能提高作物叶片的可溶性糖含量,降低相对电导率和丙二醛(MDA)含量,加强作物对低温胁迫的抗性,这与王军虹等在冬小麦上的研究结果相同。相关学者指出,外源 ABA 具有保护细胞膜完整性的作用,进而增强作物对低温的忍耐力,进一步研究推断 ABA 对抗氧化酶的诱导与其提高作物的抗寒性可能存在密切关系。现已证实 ABA 能够提高甜菜叶片的超氧化物歧化酶(SOD)、过氧化物酶(POD)的活性;杨东清等在对小麦的研究中也证实了外源 ABA

具有此功能;Zhang Ying 等也指出 ABA 通过调控抗氧化酶活性,有效缓解了冷害条件下黄瓜幼苗的氧化受损程度。在对水稻的研究中,郭贵华等指出 ABA 能够提高干旱胁迫下水稻叶片的 SOD 活性,黄凤莲等指出 ABA 能够影响低温胁迫下水稻幼苗 SOD、POD 的活性变化。由此推断,ABA 可以缓解逆境下作物的生长阻滞,适量喷施 ABA 可能提高水稻对低温的耐受能力,进而加大花粉成熟率,降低空壳率,抵抗冷害。

1.2 冷害与水稻

冷害是一种严重的农业灾害,国外研究冷害对农业产生的影响由来已久,基本明确了冷害的机制、指标及地域变化特征,并就水稻低温冷害发生频率、冷害类型及危害程度进行了广泛深入的研究,认为水稻冷害以延迟型冷害为主,兼有障碍型冷害发生。冷害的发生有一定的周期性,一般 3—4 年发生一次,但这种周期是相对的,有连年发生冷害的实例,也有连续 4—5 年没有冷害发生的历史记录。

工业发达的日本,农业生产长期受冷害的影响,自 20 世纪 30 年代起就进行了有组织的科学研究,20 世纪 50 年代加强了对冷害的实验研究。1964—1966 年,日本连续发生冷害,特别是 1964 年,其损失高达 504 亿日元。因此,20 世纪 60 年代后期,日本对冷害的研究更为重视,制订了长期性计划,建立了大型人工气候室等环境调控系统用于冷害的研究,并取得了良好的经济与社会效益。

自 20 世纪 60 年代起,国内外的科研人员大规模地开展了研究工作,积累了大量实地调查、田间试验资料和科研成果。通过长期的研究,基本查明了从作物形态特征,生理、生态反应到气象条件上的诊断冷害的方法和指标,初步明确了冷害发生机制上的一些问题,分析了各类冷害的时空分布规律。但目前对冷害的研究还缺乏持续性、系统性,过去所取得的研究成果主要是冷害的指标、发生机制及时空分布规律,而对冷害防御技术的研究相对较少,尤其是还没有转化成有效的防御手段。所以加强综合防御技术的研究及科研成果的转化对提升冷害的防御效果意义重大。近些年来,黑龙江省水稻低温冷害研究取得了长足的进步,但也存在着不少的问题,部分地区水稻不育率提高,产量和品质下降。随着水稻栽培面积的不断扩大,这种风险还将随之提高。

1.2.1 水稻冷害基础

1.2.1.1 冷害的概念及冷害类型

(1) 冷害的概念

水稻由于遭受低于其生育适宜温度的影响,生育延迟或者产生生理障碍、代谢紊乱而减产,这种因低温引起的伤害称为冷害。冷害与冻害不同,前者是低于水稻生育适宜的温度,而后者是指在水稻生长季节里,出现低于0 ℃的短时间低温。虽然两者都是因温度低而影响水稻生育的,但对水稻的伤害程度有很大的差别,前者的伤害具有累加性,而后者则是毁灭性的。从水稻植株的症状上看,两者差别也很大,前者的症状出现比较晚,也不容易判断,而后者在受害的同时,植株就会表现出受害症状,如叶片萎蔫、植株枯死等。由此可见,冷害对水稻的伤害不容易识别,因此在生产上应该受到足够的重视。

(2) 冷害的类型

不同的低温过程,会导致不同类型的低温冷害。由于冷害是由低温造成的,因此低温和冷害之间具有因果关系,在水稻冷害类型的划分上就有了气象学的积温指标和农艺上的水稻生育受伤程度判定指标。冷害年的气象学指标有两种:一是按作物生育积温(一般是5—9月,我国东北地区)≥10 ℃的活动积温与历年平均值的差数来确定。一般把作物生育期的总积温量比历年平均值少100 ℃,定为一般冷害年;低于200 ℃定为严重冷害年。这种划分低温冷害年的气象指标能够反映总的冷害情况,与作物产量的关系比较明显。二是按作物生育关键期温度指标来确定。东北地区6—8月是作物生育的关键期,也是作物对温度最敏感的时期,如果这3个月的日平均温度低于历年平均值1.5—2.0 ℃,即为冷害年。由于不同的作物对温度的敏感期不同,以及不同地区的气候差异,可根据当地气象资料和作物受害情况确定。

根据低温冷害形成机理,水稻冷害根据受害情况可分为三种类型,即延迟型冷害、障碍型冷害和混合型冷害。

A. 延迟型冷害

延迟型冷害主要是指作物生育期遇到较长时间低温,削弱了植株生理活性,生育期显著延迟,不能正常成熟,即水稻营养生长期(有时也包括生殖生长期)在较长时间内遭遇较低温度的危害。在作物营养生长期,延迟型冷害会引起水稻返青不良,分蘖减少,叶面积增长缓慢,植株发育受抑制,导致生育拖后,抽穗开花延迟,虽能正常受精,但不能充分灌浆成熟而显著减产。在生长期内虽然低温造成了生育延迟,但如果后来的生长期天气条件较好,气温升高,还会使作物的生育速度加快,使前期低温造成的生育延迟得到一定的补偿。但也有前期气温正常,抽穗并未延迟,而是后期异常低温导致水稻灌浆、成熟延迟,以致受害的情况出现。

水稻遭受延迟型冷害，秕谷增加，千粒重下降，不但产量锐减，而且米质差，尤其是种植晚熟品种，抽穗期延迟，减产更为严重。

黑龙江省一般以 5—9 月活动积温（$\sum T_{5-9}$）变率作为评价延迟型低温冷害的温度指标。延迟型低温冷害造成的减产程度与 5—9 月活动积温变率呈显著正相关。黑龙江省延迟型冷害发生频率较高，发生时一般影响范围大，造成的减产损失也较重。延迟型低温冷害不仅造成稻谷千粒重降低，导致水稻单产大幅度下降，还导致整精米率降低、垩白率增高，影响稻谷加工品质和外观品质。

黑龙江省历次发生的冷害主要是延迟型冷害，是否发生延迟型冷害，关键在于 8—9 月的气温。该阶段气温如果正常或稍高，即使前期生育稍迟缓，也能正常成熟；相反，如果 8—9 月气温低于平年，即将遭受程度不同的延迟型冷害，或会出现障碍型冷害。延迟型冷害比一般障碍型冷害减产严重。延迟型冷害过后，水稻穗上部颖花虽然受精结实，但穗下部颖花的开花、受精、灌浆都将受到严重阻碍，因而秕粒多、粒重低，严重时谷粒呈死米状，不仅减产，且米质不良。

水稻营养生长期如遇到低温，主要影响根、茎、叶的生长发育，延缓穗分化时期，以致抽穗延迟，影响成熟和产量。20 世纪 80 年代，黑龙江省农科院栽培所利用人工气候箱，对分蘖期的水稻植株采用 16 ℃低温处理 10 天，结果观察到，水稻植株生长明显减慢，株高日增长量为 0.74 cm，而在常温下株高的日增长量可达 2.3 cm，出叶间隔由常温（20 ℃）下的 4 天拉长到 9 天，增加一倍还多。低温对水稻根系生长的影响也很明显。在低温下，水稻单株总根数为 15.8 条，平均根长 15.0 cm，而正常温度下的总根数为 25.2 条，平均根长达 20.5 cm。在低温下，水稻的分蘖速度很慢,16 ℃处理10天的单株分蘖只有0.7个,而常温下的单株分蘖可达1.6个。由于营养生长期的低温明显减慢了植株根、茎、叶等的生长速度,结果经过一段时间(10天)的低温(16 ℃低温)处理后,植株进入幼穗分化时期的时间比常温的情况晚5天,抽穗推迟6天。由此可见,幼穗分化前的温度对水稻抽穗的早晚影响较大。此时温度越低,持续时间越长,抽穗期推迟的天数就越多,水稻生产的安全性就越低。

8月中下旬至9月上旬低温导致的延迟型冷害是不可逆转的,因为此时正是水稻籽粒灌浆阶段,对水稻生产的危害也最大。黑龙江省农科院在1986—1987年利用人工环境控制系统在水稻灌浆初期进行14天昼夜均为16 ℃的低温处理,结果观察到干物质积累速度明显减慢,每日每千粒积累干物质0.16 g,是20 ℃下的1/3。灌浆期低温会形成大量非正常成熟的秕粒,因为低温下水稻植株的物质生产能力大幅度下降,物质的运输速度也大大降低,从而导致籽粒中干物质的积累减少而形成秕粒。

B. 障碍型冷害

在水稻生殖生长期即颖花分化至抽穗开花期间,遭受短时间异常的相对强低温,颖花的生理机能受到破坏,造成颖花不育,形成大量空壳而严重减产的,称为障碍型冷害。障碍型冷害的特点是时间短、危害重,只要出现障碍型冷害就不可逆转。根据水稻遭受低温冷害的时期不同又分为孕穗期冷害和抽穗开花期冷害。一般大陆性气候的地区,以抽穗开花期冷害为主,水稻对低温抵抗力最弱的时期是生殖细胞的减数分裂期(小孢子形成初期,水稻抽穗前10天左右),此时期遭受低温可导致不孕粒增多。幼穗形成期受低温危害,不仅延迟抽穗,也易产生畸形颖花和不孕粒,但与前者相比,危害较小。

水稻抽穗开花期受低温影响的程度,仅次于减数分裂期。我国寒地稻作区属大陆性气候,水稻孕穗期的 7 月气温较高,而抽穗、开花的 8 月,温度急剧下降。此间如遭遇低温会发生颖壳不开,花药不裂,散不出花粉或花粉发芽率大幅度下降,因而造成不育,导致减产。

障碍型冷害一般比延迟型冷害造成的减产程度轻。障碍型冷害作用时间短,在孕穗期遭遇低温而发生障碍型冷害的特征是:穗顶部不孕粒多,穗基部少,不育颖花全是空壳。在正常情况下,一般是穗顶部颖花成熟良好,穗基部第 2 次枝梗颖花常有发育不良,但遭受障碍型冷害时,穗顶部不孕粒增加,而基部颖花却成熟良好,每穗结实粒数少些,而粒重反有提高。

研究表明,水稻障碍型冷害的机制是受低温影响,花粉发育受阻、受精不良,其核心是雄性不育导致空壳率大幅度上升。

障碍型冷害在孕穗期遇到低于幼穗发育的临界温度 17 ℃、抽穗开花期遇到低于 20 ℃的温度时就会发生。黑龙江省的 7 月中下旬和 8 月上旬的低温是导致黑龙江省水稻障碍型冷害,造成减产的重要因素之一。几十年来,国内外学者对水稻障碍型冷害进行了比较深入的研究,认为水稻障碍型冷害主要以雄性不育为特征。从生理学的角度将植物的雄性不育分为两类,即功能性不育和结构性不育。前者是指小孢子形成过程中败育,不能发育成有活力的可育花粉粒;后者则是指小孢子发育正常,由于花药不能正常开裂散粉,花粉粒不能正常萌发而导致不育。为此,日本学者西山岩男、佐竹澈夫和小池说夫等对雄蕊发育过程的形态解剖学和生理生化等进行了深入的研究,认为小孢子发育初期是对温度反应最敏感的时期。

从前人的研究中我们基本明确了障碍型冷害的机理、指标及形态特征。水稻障碍型冷害从受害过程看为小孢子发育障碍和授粉、受精过程障碍；从解剖特征看为花粉粒发育畸形、花粉量减少和花粉管不能萌发、不能伸长生长；从形态上看为空壳率大幅度上升，产量下降。

C. 混合型冷害

延迟型冷害和障碍型冷害同时发生时为混合型冷害。生育初期遇低温，延迟根、茎、叶的生长发育，延缓稻穗分化，延迟抽穗，影响产量；孕穗、抽穗、开花期又遇低温造成颖花不育或部分不育，延迟成熟，产生大量空秕籽粒。从生产调查统计看出，单独发生延迟型或障碍型低温冷害的次数较少，一般都是发生混合型低温冷害。

作物低温冷害在不同季节内都有可能发生，根据水稻生长的季节，可划分为春季冷害、夏季冷害和秋季冷害。

A. 春季冷害

春季冷害通常是由“倒春寒”天气引起的，是引起我国南方地区早稻烂秧、死苗的主要灾害性天气。这种低温天气的时空分布有以下规律：①低温频率和降温强度随时间推移自北向南逐渐减小、减弱，降温地区也逐渐缩小。早稻育秧期（2 月中旬至 4 月上旬）日平均气温连续 3 天小于 10 ℃的低温（倒春寒指标）出现频率在上海为平均每年多于 3 次，武汉为 2—3 次，广州为 1 次。②地形影响显著。山脉的屏障作用使四川盆地比同纬度其他地区的低温出现频率低 30%—50%，成都和上海纬度接近，但成都在早稻育秧期日平均气温连续 3 天小于 10 ℃的低温出现频率平均每年只有 1—2 次。

B. 夏季冷害

夏季冷害一般是指发生在我国东北地区 5—9 月的低温冷

害,通常也称为东北低温冷害。东北地区农作物产量与5—9 月的气温相关性最显著。统计结果表明,农作物生长期(5—9 月)积温比历年平均值偏低 100 ℃·d,便会造成粮食减产,为一般冷害年,发生概率为 4 年一次;偏低 200 ℃·d,则为严重冷害年,平均减产幅度约 8.3%,发生概率为 7 年一次。

东北地区低温冷害具有一定的准周期性和群发性。在暖期低温冷害发生频率低,在冷期发生频率高,形成冷害群。据统计,近 90% 的严重低温冷害年和 70% 的一般冷害年都集中在冷期。在冷期,约 2 年就可以发生一次低温冷害,4 年发生一次严重低温冷害。

按冷害的轻重程度可将东北地区划分为 4 个冷害区:①极重冷害区:冷害频率为 30%—40%,包括黑龙江北部的黑河地区、伊春山区、三江平原北部和吉林省长白山地区。②重冷害区:冷害频率为 30% 左右,包括黑龙江中南部和吉林省的吉林、通化的半山区和延边盆地。③中等冷害区:冷害频率为 20%—25%,包括吉林省的长春、四平、白城等地以及黑龙江的西南部和辽宁省的东部地区。④轻冷害区:冷害频率为 20% 以下,主要在辽宁省的中部、西部和南部地区。

C. 秋季冷害

秋季冷害是指我国华南地区寒露节气前后和长江中下游地区秋分节气前后的低温天气,对后季稻的生殖生长和结实的危害很大,当地也把这种低温冷害称为“寒露风”。秋季低温冷害主要影响我国南方稻区水稻开花授粉,影响结实率。主要特点是:①出现时期基本上自高纬度向低纬度、自内陆向沿海逐渐推迟,丘陵山区自低海拔向高海拔明显提早。②受纬度、地形的影响大,受海陆分布的影响小。③山区秋季低温随海拔高度的变化远大于纬度、海陆分布带来的变化。

作物低温冷害在整个作物生长季的每个阶段都有可能发生，不同时期低温冷害的影响和损失又有较大区别。根据冷害发生的时期分类，可以把低温冷害分为前期冷害、中期冷害、后期冷害。

A. 前期冷害

前期冷害指作物营养生长期遭遇低温，导致作物生长缓慢，生长量降低，发育期推迟，引起减产。

B. 中期冷害

中期冷害指作物从幼穗形成到抽穗开花期遭遇的冷害，可使幼穗生育缓慢、生长量降低，抽穗期延迟，甚至直接危害生殖器官，造成籽粒不实，空粒率增大。

C. 后期冷害

后期冷害指在作物灌浆至成熟阶段出现的低温过程，可引起干物质积累速度减慢，灌浆期延长，籽粒不能充分成熟，秕粒多，粒重降低。

另外，根据低温与旱涝、日照时间多少和霜期的早晚等情况，冷害还可划分为低温多雨型、低温干旱型、低温早霜型和低温寡照型等。低温多雨型一般地温较低，湿度大，推迟作物成熟，对低洼地的水稻危害最大；低温干旱型对干旱区怕旱作物威胁最大；低温早霜型对晚熟品种影响最大；低温寡照型一般在山区发生概率较大。

1.2.1.2 低温冷害的致灾因素

从灾害学角度来讲，无论哪种低温冷害，都与孕灾环境、致灾气象条件、承灾体状况及防灾、抗灾、减灾能力有关。下面就对这些问题分别进行分析和阐述。

(1) 孕灾环境——地理因素

孕灾环境是指形成低温冷害所固有的场所或环境条件,是不以人的意志为转移的先天因素。低温冷害的发生具有比较明显的地域特征,有的地方频繁而严重,有的地方则很少发生。我国东北地区位于中高纬地带,年平均气温不高,积温不足,作物生长季的气候受极地冷气团、西南气旋、东亚季风等很多因素影响,因而东北地区作物生长季温度不稳定。就多年平均而言,黑龙江省北部和吉林省东部地带≥10 ℃积温在 2300 ℃·d 以下,辽南、辽中、辽西地区为 3300—3500 ℃·d 之间,其他地区为 2300—3300 ℃·d之间时就可能会发生冷害,其积温或平均气温年际变幅可达20%左右,低温年出现较频繁。

有关研究表明,夏季低温年的气候特点是:①极地冷气团强大,极涡明显偏向东半球的太平洋一侧,发展极盛,而我国东北地区处于较强的鄂霍次克海长波槽后部,南亚副热带高压异常偏弱,这种情况十分利于来自极地的低层冷空气向南扩散,造成我国东北地区低温。②在西太平洋副热带高压长周期振动的极弱阶段,易出现东北地区低温。③新地岛到乌拉尔山和阿拉斯加附近为大片正距平区,我国为大片负距平区,中心位于我国东北,常导致东北地区低温。

低温年,东北地区有较强的长波槽停留或经过,高温年多为超长波槽脊停留或经过。影响东北夏季冷暖的主要因素是极涡和副高,它们之间的强度、位置相互作用和相互配置关系,对东北夏季温度起到支配或决定作用,而西风带长波、超长波的环流型与这两个系统有密切关系,起到配合作用。在东北冷夏期间,极涡偏向东亚,东北上空为深槽,西风急流在 35°N 附近,副高主体偏南,且面积小、强度弱。在这种情况下,冷空气势力强大,控制东北上空，形成低温天气。

东北地区6月高空常出现冷的涡旋，冷涡中心常位于吉林省境内。冷涡控制东北上空一般可达数天，一个移出后，有时又产生第二个涡旋，不断地把西北冷空气带到东北，产生地面低温和阴雨天气，这是具有东北地区特色的冷害孕灾环境之一。此外，东北产粮区主要位于松辽平原，该区位于西北部大兴安岭和东部长白山脉之间，这种地理特征也有利于冷空气进入和停留，有利于产生持续性低温。7月下旬到8月上旬，正是水稻抽穗前后，因极涡及副高的相互作用，或因鄂霍次克海冷空气进入，加上长白山地形作用，常发生短期（一天或几天）的强降温天气，导致东北地区的东部发生障碍型冷害。

这种地域性极强的天气系统和地理环境，加之东北地区主要产粮区较集中，使东北地区低温冷害成为国内外较有代表性的灾种。

（2）致灾因子——气候异常

低温冷害的致灾因子主要是低温，是由于温度年际变化不稳定，以及因长期预报能力限制，农业生产难以适应气候的年际变化而形成的。研究表明，我国东北地区作物生长季≥10 ℃活动积温距平在 -120— -70 ℃·d或5—9月平均气温之和低于常年2—3 ℃时，会导致粮豆作物减产5%—15%，发生一般性冷害；若积温距平在 -120 ℃·d以下或5—9月平均气温之和低于常年 -4— -3 ℃，则会产生严重低温冷害，减产15%以上，水稻等低温敏感作物会减产30%以上。水稻抽穗前后20余天内有连续两天以上平均气温低于19 ℃时，则分别会发生严重障碍型冷害，减产20%以上。

① 致灾因子的地域变化

热量条件的地域性差异使得冷害发生具有区域性。一般而言,生长季多年平均气温越低,冷害越频繁,越严重。东北地区≥10 ℃积温,辽宁省大部在 3200—3500 ℃·d 之间;吉林省中、西部和黑龙江省西南部多在 2800—3100 ℃·d 之间;黑龙江省中部及吉林半山区多数市县多在 2400—2700 ℃·d 之间;黑龙江省东部及吉林省东部长白山地带在 2400 ℃·d 以下;其他多数市县在 2000—2300 ℃·d 之间。整个东北地区,最热的和最冷的农业生产区域,积温最大差值达到 1500 ℃·d。

② 致灾因子的时间变化

致灾因子的时间变化直接产生低温冷害。我国东北各地作物生长季积温年际间变化较大,即较不稳定。积温严重不足的北部及东部山区,积温更不稳定。

③ 障碍型冷害致灾因子

东北地区水稻障碍型冷害较为频繁且严重,其致灾因子是 7 月中下旬和 8 月上旬水稻抽穗开花期前后的短期强降温天气。一般分为孕穗期(抽穗前期)冷害和开花期冷害,前者连续两天日平均气温≤17 ℃就发生冷害,后者连续两天低于 18 ℃就发生冷害。由于极地冷气团和南方副高及鄂霍次克海高压经常在强度、位置等方面搭配失常,因而东北地区常在 7—8 月高温季节内出现几天的强低温阴雨天气。分析以往的资料,7 月中旬到 8 月上旬短期低温出现频率为 50% 左右,其中达到冷害指标的占 30%—40%,东北地区的北部、东部低温天气出现频率高于南部和西南部。

(3) 承灾体——人为生产因素

承灾体是指受害对象。就东北地区粮食生产而言,低温冷害的承灾体为玉米、水稻、大豆、高粱、小麦等。农业生产的控制者是人,一个地方种什么作物、选择什么品种由人决定,因而作物冷害的发生情况与承灾体的选择有一定关系，也就是说，低温冷害的发生，除了气候原因外，还有人为的主观因素。从某种角度来说，这也是致灾因子之一。热量丰富的地方种植喜温作物、晚熟品种，热量贫乏的地方种植耐冷凉作物、早熟品种，则冷害较少发生，反之则冷害严重而频繁。然而，这种耐冷凉作物及早熟品种，虽然不易发生冷害，但常年产量较喜温作物和晚熟品种低得多，因而在稳产与高产上存在矛盾，需要科学决策。承灾作物抗低温能力的强弱直接关系到灾害损失程度。一般而言，小麦、大豆最耐低温，玉米、谷子次之，而水稻最易受到低温影响。作物受低温影响，生长发育延迟，导致秋霜前不能正常成熟，在生殖生长关键期内受强低温冷害，会使开花、授粉等活动受阻而导致减产。

在东北地区，小麦基本没有冷害；大豆、玉米、谷子以延迟型冷害为主；而水稻在生殖生长期对低温反应最为敏感，常发生障碍型冷害，也较易发生延迟型冷害。任何作物，晚熟品种抗低温能力均较早熟品种弱，容易发生冷害。这说明低温冷害损失不仅与孕灾环境、致灾因子有关，还与承灾体有关。承灾体不是单一的，各地的品种、农业产量水平、土壤条件差别都较大，人们生活需求和区域农业经济结构的多元化决定了东北农业不可能是纯专业化生产，因而就要求对承灾体播种面积及品种搭配进行系统规划，以达到既防灾减灾，又满足人们生活和农业经济发展要求的目的。

东北地区农业种植结构是从传统农业中发展、转化而形成的。但近些年，越区种植现象越来越普遍，越区种植的结果是在高温年内侥幸增产增收，而一遇低温或平温年，则会形成严重低温冷害，造成严重经济损失。因而各地都应根据气候，尤其是热量条件的地域变化、周期变化及年际变化,及时调整种植结构及品种布局,以减轻冷害造成的损失。

在农业生产活动中,不能适应或者违反气候规律,以及采取的农业技术措施不当,是冷害发生和加重的主要原因:

一是作物布局不合理。在热量条件没有充分保证的地区扩种高产作物,可在高温年高产,但在平温年不能保证成熟,而在低温年则大幅减产,冷害危险大、频率高。

二是品种布局不合理。一般来说,在正常的情况下,生育期长的晚熟品种要比生育期短的品种产量高,所以在高温年或热量条件好的地区扩种晚熟品种能够增产,但是遇到低温年或者在热量条件不足的地方,会出现晚熟品种不能正常成熟的情况,从而发生冷害,不仅大幅度减产,而且粮食含水率高、品质下降。

三是种植制度不合理,复种指数过高。在 20 世纪 70 年代末到 80 年代初,长江中下游稻作区发生过早稻育秧期间因春季寒潮的影响而引起烂秧的现象。插秧后气温较低的年份也会造成僵苗现象,延迟早稻发育,因而收获期推迟,于是晚稻要推迟插秧,否则会因积温不足而影响正常发育,造成连作晚稻"翘穗"、成熟不良而严重减产。

尽管气候变暖使20 世纪 80 年代以来北方地区作物低温冷害的程度和频率都有所下降,但可以肯定的是在气候变暖的过程中,仍然会出现偏冷的阶段和低温的年份,温度的变化幅度会加大,异常气候事件会增加,因此低温冷害在今后相当长的时期内仍然是北方地区主要气象灾害之一。人们在应对气候变化,特别是在应对气候变暖的时候,仍然要考虑到低温冷害的防御问题,在调整种植业结构和品种布局时,应根据当地近 20 年的平均气候条件行事,不可操之过急,否则会带来严重的后果。

(4) 抗灾能力

作物低温冷害不仅难以预测和预报,而且发生范围大,因而防御较为困难。尽管如此,人们在长期的生产实践中仍总结出了一些防御办法,科研人员也研究出了不少相关成果,多数已在生产中得到应用。例如,开展作物生长季热量条件长期预测,按热量条件地域分布规律及作物品种对热量的要求安排农作物布局、结构配置及品种区划,适时早播抢积温;应用作物抗低温助长剂;采用地膜覆盖及育苗移栽技术;加强农田管理、多铲勤蹚;高矮作物均衡搭配,改善群体透光、通风条件,以促生长、促早熟;等等。对于水稻障碍型冷害的防御,还可以在降温天气来临前后,进行水温调控和施肥调控等,必要时可采取喷雾、烟雾等应急措施,此外,还有应用防风林网防御冷害的。这些措施在北方各地都有不同程度的应用,在冷害防御中发挥了较大作用,近些年冷害较轻,除与气候变暖有关外,也与抗灾能力的增强有关。

由于导致作物低温冷害的因素比较多,而且是自然和人为因素共同作用的结果,因此综合评价各地防御冷害的能力、效益及差别是困难的,这与农业结构的复杂性及冷害防御技术的多样性、综合性有关。随着人们对作物冷害认识的提高及对冷害防御体系及专门技术研究的深入,各地作物低温冷害的防御能力都会有较大提高。

1.2.2 水稻冷害的研究进展

1.2.2.1 黑龙江省水稻资源耐冷性鉴定与评价

低温冷害对水稻的生长发育甚至整个稻作的生产过程都会产生不良的影响,低温冷害严重时水稻的结实率明显下降,造成大幅度减产。水稻的耐冷性最终是以结实率来评价的,同时,水稻的产量在很大程度上也取决于结实率的高低。而水稻结实率的高低主要取决于水稻颖花受精率和受精颖花的成熟度。受精率主要受花药和花粉发育状况的影响,成熟度则受控于籽粒灌浆过程的环境条件。因此,在低温条件下花药受害程度以及籽粒灌浆过程的环境条件对籽粒尤为重要。

黑龙江省地域辽阔,作物品种繁多,从第一积温带的泰来、宁安到第四积温带的黑河都有作物种植。黑龙江省农科院栽培所通过对黑龙江省主栽水稻品种的耐孕穗期低温情况进行了综合评价,为生产商品中的选择、育种亲本材料的选用提供了理论依据。

他们选择自 20 世纪 80 年代以来,在黑龙江省具有一定推广面积的水稻品种进行耐障碍型冷害鉴定试验(小孢子阶段)。品种特性如表 1-1、表 1-2 所示:

表 1-1　供试水稻品种生物学特性

品种	审定年	活动积温	生育天数	株高(cm)	穗粒数	适应区域
松粳 3 号	1994	2650	140	85	90	第一积温带
松粳 5 号	2002	2670	140	92	118	第一积温带上限
松粳 8 号	2004	2600	138	90	103	第一积温带
藤系 140	1994	2600	138	90	100	第一积温带,第二积温带上限
松粳 7 号	2003	2680	140	93	105	第一积温带上限

续表

品种	审定年	活动积温	生育天数	株高(cm)	穗粒数	适应区域
松粳9号	2006	2650	137	98	107	第一积温带插秧栽培
牡丹江19	1989	2700	136	92	85	第一积温带,第二积温带上限
东农424	2005	2420	128	85	78	第二积温带
牡丹江23	1998	2600	136	98	99	第二积温带上限
五优稻1号	1999	2750	143	97	120	第一积温带上限
东农423	2003	2625	139	90	115	第一积温带
东农418	1994	2581	139	83	94	第一积温带,第二积温带上限
系选1号	2003	2565	136	104	109	第一积温带,第二积温带上限
松粳6号	2002	2550	135	98	112	第一积温带下限,第二积温带上限
龙稻6号	2006	2420	127	93	105	第二积温带插秧栽培
绥粳5号	2000	2500	134	87	93	第二积温带
绥粳7号	2004	2532	135	96	87	第二积温带

续表

品种	审定年	活动积温	生育天数	株高(cm)	穗粒数	适应区域
龙粳 9 号	1999	2550	138	87	110	第一积温带,第二积温带上限
垦稻 10 号	2002	2550	136	94	77	第一积温带下限,第二积温带上限
东农 415	1989	2400	133	87	105	第二积温带,第三积温带上限
龙稻 7 号	2006	2520	135	90	80	第二积温带上限
龙稻 3 号	2004	2501	130	95	95	第一积温带下限,第二积温带
垦稻 12 号	2006	2350	130	90	85	第二积温带
富士光	2001	2500	133	90	80	第二积温带插秧栽培
龙稻 4 号	2004	2450	128	92	84	第二、三积温带种植
龙稻 5 号	2006	2530	132	94	95	第一、二积温带种植
松粳 10 号	2005	2475	129	95	95	第二积温带
沙沙泥	2005	2475	128	90	80	第一积温带上限,第二积温带
绥粳 4 号	1999	2540	134	95	98	第二积温带插秧栽培

续表

品种	审定年	活动积温	生育天数	株高(cm)	穗粒数	适应区域
上育397	2004	2400	125	85	80	第二、三积温带插秧栽培
东农416	1992	2466	130	88	82	第二、三积温带
东农419	1996	2481	131	89	87	第二、三积温带上限
龙粳13号	2004	2402	133	74	75	第三积温带
龙粳14号	2005	2366	126	87	83	第三积温带
合江21号	1983	2303	113	85	55	第二、三积温带
合江19号	1978	2300	128	85	75	第三、四积温带插秧栽培
龙粳12号	2003	2350	128	90	82	第二积温带下限,第三积温带上限
龙粳15号	2006	2420	128	90	81	第三积温带
空育131	2000	2320	127	80	80	第三积温带
龙稻2号	2002	2250	122	80	60	第四积温带插秧栽培
龙粳3号	2004	2511	132	95	87	第二积温带
龙粳16号	2006	2420	128	90	78	第三积温带
绥粳3号	1999	2350	129	79	97	第三积温带插秧栽培

续表

品种	审定年	活动积温	生育天数	株高(cm)	穗粒数	适应区域
龙盾 102	2001	2475	130	84	100	第二积温带插秧栽培
龙粳 11 号	2002	2350	128	88	90	第二积温带下限,第三积温带上限
龙粳 2 号	1990	2250	113	83	70	第三积温带

表 1-2　稻米品质特性

品种名称	糙米率(%)	精米率(%)	整精米率(%)	垩白率(%)	胶稠度(mm)	直链淀粉(%)	蛋白质(%)
松粳 3 号	83.0	74.7	71.0	1.0	70.0	16.78	8.85
松粳 5 号	81.4	73.3	70.1	10.1	73.3	15.9	8.14
松粳 8 号	82.5	74.2	72.2	5.0	75.9	18.99	7.28
藤系 140	83.0	74.4	73.0	8.9	56.47	17.08	8.44
松粳 7 号	82.9	74.4	70.9	5.7	72.2	17.63	7.30
松粳 9 号	82.0	73.0	70.0	3.8	73.9	19.00	8.10
牡丹江 23	82.9	74.6	66.7	4.3	46.4	16.83	7.21
五优稻 1 号	73.3	62.0	68.2	2.8	61.3	17.21	7.62

续表

品种名称	糙米率(%)	精米率(%)	整精米率(%)	垩白率(%)	胶稠度(mm)	直链淀粉(%)	蛋白质(%)
东农423	82.9	74.6	73.1	6.5	69.5	15.57	7.26
东农418	84.0	75.6	60.0	—	93.25	1.33	9.37
系选1号	80.7	72.6	68.9	3.6	73.1	16.80	7.30
松粳6号	82.3	74.1	67.7	6.5	77.8	17.50	7.50
龙稻6号	83.0	74.0	70.4	3.2	82.0	17.50	7.90
绥粳5号	83.2	74.9	68.9	4.8	67.3	17.24	8.00
绥粳7号	78.9	71.1	65.1	3.5	76.3	19.90	8.12
龙粳9号	82.5	74.3	67.6	27.8	55.2	17.29	7.69
垦稻10号	82.4	74.2	71.5	5.7	73.2	16.85	6.9
龙稻7号	82.2	74.0	71.1	2.1	78.0	17.70	6.55
龙稻3号	81.8	73.6	71.5	3.0	74.5	15.79	7.91
垦稻12号	82.8	74.5	71.9	5.3	75.6	19.25	6.98
富士光	83.5	75.2	73.4	3.25	65.1	16.34	7.22
龙稻4号	81.0	72.9	69.9	3.8	75.3	17.02	8.41
龙稻5号	82.0	71.4	68.0	3.5	71.0	17.00	7.90

续表

品种名称	糙米率(%)	精米率(%)	整精米率(%)	垩白率(%)	胶稠度(mm)	直链淀粉(%)	蛋白质(%)
松粳 10 号	81.9	74.1	71.6	3.8	76.6	19.10	7.25
绥粳 4 号	84.0	75.3	74.0	—	64.2	14.86	6.50
上育 397	82.8	74.5	74.0	9.5	74.5	17.28	7.42
东农 419	80.4	72.3	67.4	2.0	60.0	16.60	8.12
龙粳 13 号	83.1	74.8	72.5	4.5	74.1	18.70	—
龙粳 14 号	82.4	74.1	69.6	6.0	75.1	18.60	7.40
龙粳 12 号	83.1	74.1	65.9	6.3	76.8	17.78	7.72
龙粳 15 号	82.5	74.3	64.4	4.3	69.3	17.88	7.74
空育 131	83.8	75.5	74.5	6.2	64.6	17.00	7.90
龙稻 2 号	82.3	74.1	71.8	2.6	73	15.71	8.43
龙粳 3 号	70.6	72.5	70.2	3.8	75.4	15.79	8.38
龙粳 16 号	80.7	73.2	68.8	2.3	70.2	17.30	7.60
绥粳 3 号	82.1	73.9	71.7	—	42.8	17.46	8.87
龙盾 102	83.1	74.8	72.6	6.5	58.5	17.50	8.16
龙粳 11 号	83.8	75.3	70.5	12.1	81.4	16.00	7.38

续表

品种名称	糙米率(%)	精米率(%)	整精米率(%)	垩白率(%)	胶稠度(mm)	直链淀粉(%)	蛋白质(%)
东农 415	81.5	73.8	—	—	56.0	14.89	8.27
东农 416	84.0	—	—	—	—	18.24	10.59
牡丹江 19	83.0	74.7	—	—	—	19.33	8.34

黑龙江省农科院王连敏等学者根据以往障碍型冷害发生时的低温程度,选择15 ℃处理4 天和7 天。4 天代表较轻冷害,7 天代表较重冷害,为的是使不同品种经过低温处理后结实率的差异充分显现出来,以便进行品种耐寒性的判定。同时,小孢子阶段日平均15 ℃低温处理也是黑龙江省水稻品种审定前耐冷性鉴定所采用的温度。他们的研究结果指出:

(1) 冷积温与水稻不育的关系

冷积温是指水稻在发育阶段,在进行低温处理期间与室外对照温度相比减少的温度之和(℃ · d)。处理期间温度越低,处理时间越长,冷积温值越大。综合分析黑龙江省主栽水稻品种可以看出,低温处理 4 天,冷积温与不育率的相关系数为 $r=0.2957^{**}$;低温处理 7 天,冷积温与不育率的相关系数为 $r=0.5030^{**}$。在供试的品种中,低温处理7 天的不育率与对照不育率之差不大于10%的有:东农423、绥粳7 号、龙稻3 号、龙稻5 号和松粳10 号。而大于50%的品种有:龙粳11 号、龙粳13 号、龙粳16 号、松粳7 号、龙稻7 号、垦稻12 号等。由此可见,低温下品种间的结实率差距较大。冷积温每增加1 ℃ · d,品种间不育率增加的幅度有较大的差异(从0.002%—1.898%),增幅最大的品种是垦稻10号,低温处理4天每增加1 ℃·d冷积温,不育率提高1.898%。而增幅最小的龙稻3号,低温处理4天每增加1 ℃·d冷积温,不育率只提高0.002%(表1-3)。

表1-3 冷积温与不育率的关系

品种	CK	低温4 d		低温7 d		与对照的不育率差值		每增加1 ℃·d冷积温不育率的增幅	
	不育率(%)	冷积温(℃·d)	不育率(%)	冷积温(℃·d)	不育率(%)	4 d(%)	7 d(%)	4 d(%)	7 d(%)
松粳10号	11.3	11.1	14.1	34.9	14.3	2.8	3.0	0.256	0.086
东农423	11.7	11.1	12.5	34.9	16.1	0.9	4.4	0.077	0.126
龙稻3号	17.1	25.2	17.1	48.7	24.2	0.1	7.2	0.002	0.147
绥粳7号	12.6	11.1	16.7	34.9	19.8	4.1	7.2	0.367	0.206
龙稻5号	3.9	17.6	14.4	35.0	13.9	10.5	10.0	0.594	0.285
松粳6号	28.3	17.6	32.1	35.0	39.3	3.8	11.0	0.215	0.313
富士光	21.2	11.1	22.4	34.9	34.1	1.1	12.9	0.102	0.369
上育397	10.9	40.2	18.9	68.4	26.8	8.0	15.8	0.199	0.231
垦稻10号	11.5	17.6	44.9	35.0	45.0	33.4	33.4	1.898	0.955
松粳7号	21.6	30.5	32.8	54.2	72.1	11.2	50.5	0.367	0.932

续表

<table>
<tr><th rowspan="2">品种</th><th>CK</th><th colspan="2">低温 4 d</th><th colspan="2">低温 7 d</th><th colspan="2">与对照的不育率差值</th><th colspan="2">每增加 1 ℃ · d 冷积温不育率的增幅</th></tr>
<tr><th>不育率(%)</th><th>冷积温(℃ · d)</th><th>不育率(%)</th><th>冷积温(℃ · d)</th><th>不育率(%)</th><th>4 d(%)</th><th>7 d(%)</th><th>4 d(%)</th><th>7 d(%)</th></tr>
<tr><td>合江 21 号</td><td>33.6</td><td>38.6</td><td>56.5</td><td>63.9</td><td>87.0</td><td>22.9</td><td>53.4</td><td>0.594</td><td>0.836</td></tr>
<tr><td>龙粳 15 号</td><td>16.6</td><td>37.4</td><td>36.2</td><td>68.0</td><td>69.0</td><td>19.5</td><td>52.3</td><td>0.522</td><td>0.770</td></tr>
<tr><td>合江 19 号</td><td>24.1</td><td>38.6</td><td>48.1</td><td>63.9</td><td>80.7</td><td>24.1</td><td>56.6</td><td>0.623</td><td>0.886</td></tr>
<tr><td>东农 419</td><td>11.9</td><td>25.2</td><td>26.1</td><td>48.7</td><td>69.1</td><td>14.2</td><td>57.2</td><td>0.563</td><td>1.175</td></tr>
<tr><td>龙粳 2 号</td><td>11.5</td><td>35.7</td><td>49.1</td><td>40.1</td><td>69.2</td><td>37.6</td><td>57.6</td><td>1.053</td><td>1.437</td></tr>
<tr><td>龙稻 7 号</td><td>25.9</td><td>35.7</td><td>77.5</td><td>40.1</td><td>86.0</td><td>51.5</td><td>60.1</td><td>1.444</td><td>1.498</td></tr>
<tr><td>垦稻 12 号</td><td>13.1</td><td>38.6</td><td>35.5</td><td>63.9</td><td>73.8</td><td>22.3</td><td>60.7</td><td>0.578</td><td>0.949</td></tr>
<tr><td>龙粳 16 号</td><td>8.9</td><td>37.4</td><td>19.6</td><td>68.0</td><td>71.2</td><td>10.8</td><td>62.3</td><td>0.288</td><td>0.916</td></tr>
<tr><td>龙粳 11 号</td><td>20.9</td><td>38.6</td><td>73.0</td><td>63.9</td><td>92.9</td><td>52.1</td><td>72.0</td><td>1.349</td><td>1.127</td></tr>
<tr><td>龙粳 13 号</td><td>13.9</td><td>37.4</td><td>29.5</td><td>68.0</td><td>86.7</td><td>15.6</td><td>72.8</td><td>0.416</td><td>1.070</td></tr>
</table>

(2) 低温对水稻不同品种产量的影响

产量与穗粒数的相关性因处理不同而有较大差异,而低温下产量与穗粒数的相关性极不明显,对照的穗粒数与产量呈较明显的正相关关系。在正常温度下,产量与不育率呈微弱的负相关关系,而在低温下,不育率与产量呈极显著的负相关关系($r = -0.8997^{**}$)。由此可见,低温下水稻产量的降低,主要是由于颖花不育所致,这也是对黑龙江省水稻生产有着巨大潜在威胁的因素。如表 1-4 所示,低温处理 7 天,产量比对照减少 5000 kg/hm^2 以上的品种有 14 个;减产 4000—5000 kg/hm^2 的品种有 11 个;减产 3000—4000 kg/hm^2 的品种有 10 个;减产 2000—3000 kg/hm^2 的品种有 7 个;而减产 2000 kg/hm^2 以下的品种只有 5 个。从产量的表现看,低温处理 7 天减产幅度在 3000 kg/hm^2 以下的 12 个品种中,只有龙稻 3 号和松粳 6 号的对照产量超过了 8000 kg/hm^2,并且是适宜在第一积温带下限和第二积温带上限种植的。综合低温对水稻不育率和产量的影响可以看出,耐寒的水稻品种主要有:龙稻 3 号、空育 131、上育 397、东农 423、龙粳 9 号、松粳 10 号、沙沙泥以及龙稻 6 号,而不耐低温的主要水稻品种有:松粳 7 号、龙稻 7 号、垦稻 12 号、系选 1 号、龙粳 11 号、龙粳 13 号、绥粳 4 号、龙粳 2 号及合江 21 号等。

表 1-4 低温处理对水稻不同品种产量的影响

序号	品种	产量(kg/hm^2)			与对照的产量差(kg/hm^2)	
		CK	4 d	7 d	4 d	7 d
1	东农 423	7551.5	7524.5	6479.0	27.0	1072.5
2	上育 397	6311.0	6354.3	5206.2	-43.3	1104.8
3	龙稻 6 号	6859.8	5889.3	5259.2	970.5	1600.6

续表

序号	品种	产量(kg/hm²)			与对照的产量差(kg/hm²)	
		CK	4 d	7 d	4 d	7 d
4	空育 131	7494.3	7146.0	5733.3	348.3	1761.0
5	沙沙泥	6867.2	6828.0	5089.8	39.2	1777.4
6	龙粳 9 号	7106.9	6857.0	4990.5	249.9	2116.4
7	龙稻 3 号	8090.6	6627.9	5736.2	1462.7	2354.4
8	松粳 10 号	8751.3	7696.8	6282.0	1054.5	2469.3
9	龙粳 8 号	4997.4	4443.6	2507.6	553.8	2489.8
10	松粳 6 号	8042.4	6682.5	5549.7	1359.9	2492.7
11	牡丹江 23	6254.1	4887.3	3386.3	1366.8	2867.8
12	龙稻 4 号	7126.5	5430.0	4190.3	1696.5	2936.2
13	松粳 3 号	6804.9	5206.5	3715.7	1598.4	3089.2
14	牡丹江 19	7802.9	6862.1	4647.0	940.8	3155.9
15	藤系 140	6980.1	6902.1	3688.7	78.0	3291.4
16	龙稻 5 号	9720.9	7176.2	6391.7	2544.7	3329.2
17	富士光	8824.4	6778.8	5483.1	2045.6	3341.3

续表

序号	品种	产量(kg/hm²)			与对照的产量差(kg/hm²)	
		CK	4 d	7 d	4 d	7 d
18	东农 416	7311.6	6371.3	3968.3	940.3	3343.3
19	东农 418	7097.1	6268.2	3714.5	828.9	3382.6
20	龙粳 14 号	6805.2	6572.1	3384.5	233.1	3420.7
21	绥粳 7 号	9684.5	7268.6	6181.7	2415.9	3502.8
22	龙粳 16 号	6066.0	5459.7	2409.9	606.3	3656.1
23	东农 419	6649.4	7267.4	2501.7	-618.0	4147.7
24	松粳 8 号	8656.7	5301.9	4410.5	3354.8	4246.2
25	松粳 9 号	7505.1	5691.9	3242.3	1813.2	4262.8
26	东农 415	7098.0	4994.3	2828.7	2103.7	4269.3
27	龙粳 15 号	6585.3	5418.2	2310.9	1167.1	4274.4
28	系选 1 号	10162.8	5870.0	5830.5	4292.8	4332.3
29	东农 424	6836.7	5122.8	2334.2	1713.9	4502.5
30	五优稻 1 号	7891.1	5009.1	3322.4	2882.0	4568.7
31	龙稻 2 号	7693.2	6322.7	2915.6	1370.5	4777.6

续表

序号	品种	产量(kg/hm²)			与对照的产量差(kg/hm²)	
		CK	4 d	7 d	4 d	7 d
32	龙粳3号	6721.5	6474.0	1918.5	247.5	4803.0
33	绥粳5号	9112.8	8273.4	4190.7	839.4	4922.1
34	垦稻10号	9257.4	5214.3	4159.2	4043.1	5098.2
35	合江19号	6642.3	4620.8	1443.6	2021.5	5198.7
36	绥粳3号	8524.7	5105.0	2800.5	3419.7	5724.2
37	龙盾102	9534.0	4598.6	3797.7	4935.4	5736.3
38	龙粳12号	9014.4	4506.2	3143.6	4508.2	5870.8
39	龙稻7号	8639.3	2691.8	2711.1	5947.5	5928.2
40	松粳5号	9414.5	5905.8	3242.6	3508.7	6171.9
41	绥粳4号	9201.0	5892.8	2758.2	3308.2	6442.8
42	合江21号	7702.1	4946.4	1203.0	2755.7	6499.1
43	龙粳2号	8557.2	4204.5	2051.9	4352.7	6505.3
44	龙粳13号	8015.9	5614.5	923.4	2401.4	7092.5
45	龙粳11号	7762.7	2534.0	625.2	5228.7	7137.5
46	垦稻12号	9769.7	5934.8	2030.0	3834.9	7739.7
47	松粳7号	10689.8	5556.0	1902.2	5133.8	8787.6

(3) 穗型与水稻在低温下结实的关系

二次枝梗的不育率高于一次枝梗的不育率，随着低温处理时间的延长，不育率随之增高。供试品种一次枝梗的平均不育率为 7.88%，二次枝梗的平均不育率为 12.03%；低温 4 天处理一次枝梗的平均不育率为 10.77%，二次枝梗的平均不育率为 17.91%；低温 7 天处理一次枝梗的平均不育率为 24.55%，二次枝梗的平均不育率为 38.03%。图 1-1 为水稻颖花不育粒，颖壳仍为绿色的颖花是低温处理后不育的颖花。对孕穗期障碍型冷害防御性较强的品种分别为：松粳 5 号、松粳 6 号、龙稻 5 号、绥粳 7 号、东农 416、东农 423。对孕穗期障碍型冷害防御性较弱的品种分别为：垦稻 10 号、系选 1 号、东农 418、龙稻 7 号、合江 19 号、合江 21 号。

图 1-1　颖花不育粒

就黑龙江省 20 余年来培育的水稻品种而言，其二次枝梗数及二次枝梗粒数与空壳率呈显著的正相关关系，而经过低温处理后，这种相关关系被削弱了，也就是说低温导致空壳率上升，不仅影响二次枝梗粒的结实,同样影响一次枝梗粒的结实。

(4) 品种审定时期与耐冷性的关系

随着品种审定时间的向后推移,品种的产量呈缓慢上升的趋势,其不育率基本稳定在10%—15%之间。低温处理4天和7天后的品种除表现不育率的大幅度上升外,趋势还是基本相同的。产量的变化与不育率的变化趋势恰好相反,但总体上来讲,在同样的温度处理下随着时间的向后推移,低温处理4天,1996—2000年间审定的品种产量最高,稳产性较好;而低温处理7天,2001—2005年间审定的品种产量最高,稳产性最好。由此可见,不同时段审定的品种耐孕穗期低温的能力有差异。生产上,在水稻小孢子发育阶段(7月20日—7月30日之间)发生15℃低温持续7天的概率等于零,而持续4天15℃的低温在不同年份、不同地区均有发生的可能性。

(5) 品种熟期与耐冷性的关系

从不同熟期品种在经历4天和7天低温处理后的不育情况看,早熟品种不育率最高,其次是晚熟品种,而中熟品种的不育率相对较低。产量的表现则恰恰相反,中熟品种最高,其次是晚熟品种,早熟品种的产量最低。

(6) 品种育成单位与耐冷性的关系

从日本引进的品种,小孢子阶段抗低温的能力明显优于本地选育的品种。由黑龙江省不同育种单位选育的品种中,黑龙江省农科院栽培研究所选育的品种小孢子阶段低温处理7天后平均空壳率为40%;空壳率最高的是省农科院水稻研究所选育的品种,高达70%;其次为绥化分院的,达66%;五常水稻二所和农垦系统所选育品种的空壳率也超过50%。在低温下高产品种不一定能够获得高产,而产量一般的品种在低温下的产量也不一定就是一般的,这要看品种抗寒能力的高低,抗寒能力强的品种减产幅度小,而抗寒能力差的品种减产幅度大。由此可见,在选择种植品种时,不仅要考虑品种的产量潜力有多高,还要考虑当地的实际生产能力、土壤供肥能力、当地的小气候以及中长期天气状况,使自己的生产维系在高产稳产的边缘,不能一味追求高产而忘了稳产,避免因突发性低温造成绝产。

(7) 黑龙江省主栽水稻品种的产量及耐寒性

表 1 – 5 列出了近年来推广面积较大、产量较高、品质较好及刚刚审定的超级水稻品种。从表中可以看出,产量较高的龙粳 12 号、绥粳 4 号、垦稻 10 号、垦稻 12 号和龙稻 5 号(以盆栽计算,公顷产量超过 9000 公斤),经过 4 天和 7 天的低温处理(小孢子阶段)后,产量均有不同程度的下降,下降幅度最大的品种是垦稻 12 号,7 天低温处理后的产量只有对照的 20.8%;其次是绥粳 4 号,7 天低温处理后的产量是对照的 30%,而龙稻 5 号的产量仍高达对照的 65.7%,合江 19 号的减产幅度也高达 78.3%。因此在选用品种时,除应考虑高产还要考虑品种在低温年的稳产性。

表 1 – 5 主栽品种在低温下的不育率及产量

品种	生试产量 (kg/hm^2)	盆栽产量(kg/hm^2)			空壳率(%)		
		CK	4 d	7 d	CK	4 d	7 d
空育 131	7684	7494.3	7146.0	5733.3	10.1	16.2	27.5
龙粳 12 号	8079	9013.8	4506.0	3143.4	29.9	45.7	71.1
绥粳 7 号	7383	8656.7	5301.9	4410.5	16.7	12.6	19.8

续表

品种	生试产量(kg/hm²)	盆栽产量(kg/hm²)			空壳率(%)		
		CK	4 d	7 d	CK	4 d	7 d
垦稻 10 号	7675	9256.8	5214.0	4159.2	11.5	44.9	45.0
绥粳 4 号	8162	9200.4	5892.6	2758.2	13.5	35.0	65.9
五优稻 1 号	8895	7890.6	5008.8	3322.2	8.2	25.0	35.7
松粳 6 号	7935	8041.8	6682.2	5549.4	28.3	32.1	39.3
松粳 8 号	7801	8656.2	5301.6	4410.6	19.1	50.5	59.1
富士光	7719	8823.6	6778.2	5482.8	21.2	22.4	34.1
合江 19 号	6369	6642.0	4620.6	1443.6	24.1	48.1	80.7
垦稻 12 号	—	9769.7	5934.8	2030.0	13.1	35.5	73.8
龙粳 14 号	7280	6804.6	6571.8	3384.6	16.5	20.3	54.3
龙稻 5 号	7919	9720.6	7176.0	6391.2	3.9	14.4	13.9
松粳 9 号	8136	7504.8	5691.6	3242.4	21.3	27.6	55.9
松粳 3 号	8688	6804.6	5206.2	3715.8	17.5	12.9	36.1

1.2.2.2 低温对水稻形态及生理指标的影响

(1) 低温伤害对水稻形态指标的影响

① 营养生长期

水稻自播种出苗至幼穗开始分化为营养生长期,包括秧苗期和返青分蘖期等。

A. 芽期

种子吸水发芽是下一个世代生命活动的开始。种子吸水发芽的关键是温度。温度高，种子的吸水时间短，种子出芽快；相反，温度低，种子的吸水时间长，种子发芽慢。水稻种子这一群体的吸水发芽过程符合生长函数，即表现为“S”型曲线，其模型为 $y = c + e^{a+bt}$，式中：y 为某一时刻的发芽率，t 为浸种至某一调查时刻的时间，a、b、c 均为常数。在两种温度下，供试的 8 个品种建立的模型中，相关系数 r 值都在 0.97 以上，经 t 检验达到极显著水平。根据模型及假定同一品种达到 50% 发芽所需有效积温相同的前提下，可得出不同品种水稻发芽临界下限温度及 50% 发芽时所需有效积温（见表 1－6）。从表 1－6 可以看出，除吉 85 冷 11－2 外，其余品种的发芽临界温度均在 10—11 ℃之间。临界温度最低的品种是哈 35013 和上育 397（10.2 ℃），最高的是吉 85 冷 11－2（11.4 ℃）。从 50% 发芽所需的有效积温看，大多数品种都在 30—40 ℃·d 之间，而上育 397 大大超出这一范围，为 52.6 ℃·d。上育 397 虽然临界温度较低，但达到 50% 发芽时所需的有效积温较高，故吸水发芽过程中所需的活动积温较多，发芽天数延长，发芽不集中。而吉 85 冷 11－2 因其临界温度较高，从而导致其 50% 发芽所需的活动积温增多，同样延长发芽天数。水稻在适温（30 ℃）下吸水发芽时，由于有效积温较多，2—3 天内即可达到 50% 发芽，因此，水稻品种的不同对最终发芽率影响不大，品种间发芽迟早主要取决于 50% 发芽时的有效积温。然而，在低温（15 ℃）下吸水发芽时，由于有效积温大幅度降低，从而使不同品种在达到 50% 发芽时所需天数有了明显的差异。不同品种在低温下发芽的快慢取决于该品种的临界温度和 50% 发芽时的有效积温。

表1-6 不同水稻品种发芽的有关指标

品种	最终发芽率(%)		相对发芽率(%)	临界温度(℃)	50%发芽所需有效积温(℃·d)	50%发芽所需天数(d)	
	30 ℃	15 ℃				30 ℃	15 ℃
哈35013	91.4	87.5	95.7	10.2	37.8	1.9	7.8
哈15037	92.5	84.3	91.1	10.8	32.7	1.7	7.8
东农415	93.2	89.2	95.7	10.8	36.4	1.9	8.6
合江23号	90.6	79.3	87.5	11.0	34.4	1.8	8.6
藤系144	96.4	87.2	90.5	10.7	38.4	2.0	8.9
牡丹江17	94.0	89.3	95.0	10.8	41.5	2.2	9.8
上育397	95.3	86.3	90.6	10.2	52.6	2.6	10.9
吉85冷11-2	94.4	68.8	72.9	11.4	38.4	2.1	10.8

B. 秧苗期

水稻苗期受低温冷害的一个最明显表现是叶片叶绿素含量的变化,即叶片颜色褪绿。叶绿体是对低温反应最敏感的细胞器之一,研究指出,低温处理过的叶肉细胞内叶绿体受到破坏而解体,细胞中间出现空泡或空洞,这是低温下叶绿体片层排列方向发生改变、基粒片层堆叠紧密的缘故。苗期低温伤害的外观形态表现，不仅可以见到叶片褪绿、植株停止生长等，严重时还可看到死苗。

C. 返青分蘖期

移栽水稻返青时遇上低温则会延缓返青，低温对返青分蘖的生长影响主要是在根和叶。移栽后的气温对新根的生长有很大的影响，在 11—17 ℃的范围内，温度越低发根越慢，新根数目增加及根伸长的临界气温为 13 ℃，不管大、中、小苗均如此。品种耐冷性的差异在根系吸水力上也能反映出来。当品种遇低温后再恢复到常温时，耐冷性强的品种根系积极吸收水分，稻叶亦逐渐变化，而耐冷性弱的品种因根系无法恢复吸水力，叶片凋枯。水稻正常分蘖的温度在 20 ℃以上，18 ℃以下则分蘖速度很慢，在临界温度下则不分蘖，分蘖的临界低温因品种的熟期及栽培方式的不同而有所差异。

D. 叶片

叶龄：在一定的温度范围内，温度和水稻的叶龄显著相关，当温度降至某一定值时叶龄便不再增加。研究表明，有些水稻品种虽然育苗的方式不同，但叶龄的增加方式却基本相同，只是其叶龄增加的起点温度略有不同。水稻营养生长期内叶龄的增加决定着叶原基分化的速度和叶片伸长的速度。

出叶速度：水稻的出叶速度受温度直接影响，而且水温的影响大于气温，水温越低，出叶的间隔越长，条件不同，稻叶分化的临界低温也不同。受低温影响的稻株转移到正常温度下，它的出叶间隔缩短、发育加快，但叶片长度却较一直处于正常温度下生长的要短，这种现象的产生是由于一定程度的低温只能使已开始分化的叶原基发育受阻，而不能阻止叶原基的不断分化。

② 生殖生长期

A. 幼穗分化至孕穗期

水稻自营养生长期转入生殖生长期后，低温对其最大影响从形态上看，可观察到性器官受害后产生的畸变。

a. 白稃　白稃和黑稃是冷害危及颖花时产生的。前者是冷害直接诱导的结果，致使颖壳中的叶绿素在形成前就停止发育；后者则是冷害间接造成的，是低温下由容易发生的叶鞘褐变病引起的。一般粳稻白稃的诱发温度为12—13 ℃，处理5天，处理时间越早、幼穗越小，则白稃越多。不同品种受低温冷害后出现的白稃量有多有少，不过这种白稃通常在抽穗后脱落。

b. 性器官畸变　低温造成的性器官畸形其外部形态上的异常是：1）颖、雌雄蕊、鳞片等小穗器官的数目有增加的趋向。2）不同器官间或同一器官内发生粘连。3）子房内器官或者组织发育异常。4）生殖器官缺损。5）各种组织器官呈肿瘤状肥大。6）多小花小穗发生。7）小穗雌性化，如绒毡层细胞肥大、花粉的形成不良、花药药室异常肥大、胚的功能形成不良等。

c. 花药异常　孕穗期遇到障碍型冷害时，不但对小孢子发育不利，而且还会使：1）形态异常花药增多。低温处理引起的花药异常的类型如图1－2所示，异常花药增加的数量因品种而异，一般耐冷品种比不耐冷品种要少。2）裂开腔发育不良。如图1－3所示。低温对花药裂开腔也有影响，经受过低温的植株有部分虽能形成正常形态的花药，但裂开腔较没有经受过低温的要窄，一些形态异常的花药则不能形成裂开腔，故无法进行散粉受精，从而导致结实受到障碍。

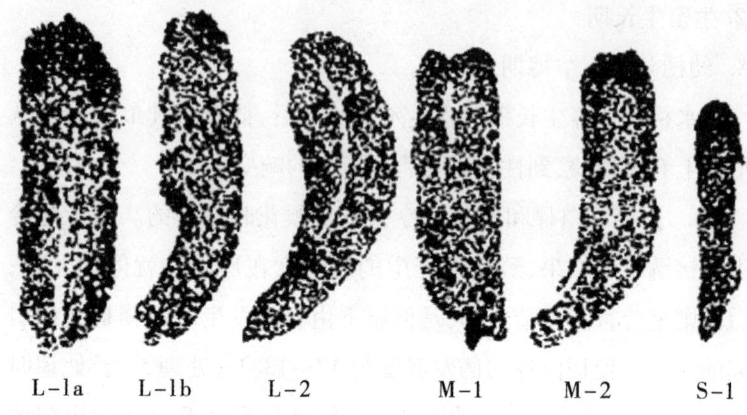

图 1-2　低温处理引起花药异常的类型

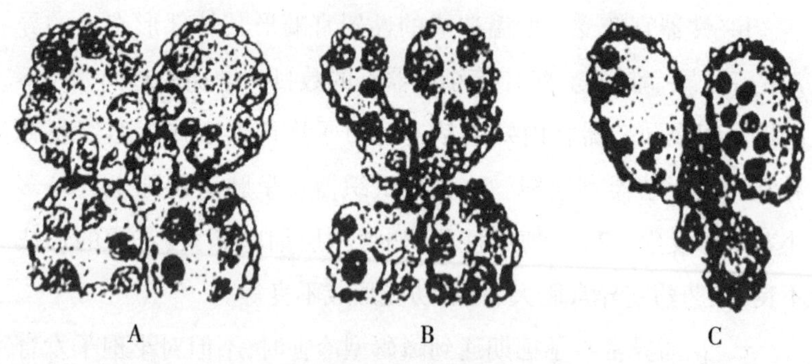

图 1-3　低温处理对裂开腔发育的影响

A. 对照植株(L-1)在正常花药里的裂开腔

B. 处理植株(L-1)在正常花药里的裂开腔(注意:破坏了的部分比对照植株的狭窄)

C. 处理植株(M-2)异常的花药不形成裂开腔

d. 降低花粉的可育性　品种及花药类型不同,受低温后花粉的可孕性也有很大的不同。正常发育的花粉内可孕花粉的数量高达 94.2% ,而受低温影响的花药类型中的花粉可孕程度极低,由于遭受低温后花粉粒可孕性存在着差异，最终造成了品种间结实率方面的差异。

e. 对小孢子发育的影响　有学者曾观察过水稻孕穗期正常温度和遇低温冷害时小孢子的亚显微结构，结果见到在同一花粉囊中正在发育和经低温处理的小孢子，其形态间有着显著的差异。后者的部分小孢子细胞器被不同程度地破坏或者解体，其过程首先为异常状态的线粒体肿大，线粒体嵴被破坏，内容物消失，出现空泡，进而膜结构被破坏，其次是在单核期，低温使液泡膜出现龟裂，最后是在正常发育的小孢子中见不到核糖体的不均匀堆积现象，而在低温下则有之。在正常条件下发育和低温下的花粉绒毡层细胞之中，前者可见到分布着的线粒体、质体、液泡等细胞器，而后者则可见到上述细胞器被破坏或解体，甚至消失。但是无论正常发育还是受低温影响的绒毡层细胞质膜外都可见到有一层排列整齐的“球状体”，且这些球状体在形态上无很大的差别。所以，在低温影响下小孢子内的细胞器被不同程度地破坏和解体，是导致结实率降低、空秕率增多的原因。

B. 始穗开花至灌浆结实期

水稻在始穗开花至灌浆结实期间遇到障碍型冷害时，常常能够观察到对叶、花、粒等的影响：

a. 叶片　此时遇到冷害，叶片内的叶绿素合成受阻，降解加速，叶色迅速发生由绿—黄—黄白的变化，即一定范围内的低温能破坏叶绿体的结构。

b. 穗颈　水稻上部1—3节之间的伸长比起低位节间的伸长，对低温的敏感性要大。水稻穗颈长短虽属品种特性，但外部环境条件的变化对其伸长有明显的影响，其中尤以温度为甚。一般来说凡穗颈过短的品种更易受低温这样一些不良生态因子的制约,致使全部穗颈或连穗的颈部都包在叶鞘内,造成抽穗不脱颖、包藏在叶鞘内的谷粒结实不良等。

c. 颖果　在水稻开花受精后至颖果灌浆成熟期,以初期对低温的敏感性为最强,因此观察低温对颖果生长的影响就显得十分重要。温度对颖果绝对伸长量的影响,24 ℃与 22 ℃无差异,而在20 ℃以下时影响较大,说明灌浆初期低温能明显延缓颖果的生长速度。

(2) 低温伤害对水稻生理特性的影响

① 低温削弱光合作用

低温对水稻光合作用的影响主要是使叶绿体中蛋白质变性,酶的活性降低。同时,低温还可使根部吸收的水分减少,导致气孔关闭,吸氧量不足,抑制光合效率。如 24.4 ℃下的光合作用强度为 100%,在 14.2 ℃条件下仅为 74%—79%,削弱约 20%。

低温对光合作用的影响在不同品种间有所差异。在连续 19 小时 5 ℃低温条件下,水稻的光合作用明显降低,但粳稻冷害后叶片的光合作用则比籼稻强得多。这种在冷害条件下不同品种光合作用的差异,主要是其叶内酶活性下降造成的,而不是二氧化碳经由气孔扩散减少的缘故。

② 低温降低呼吸强度

呼吸作用是维持根系吸收能力和加快作物生长速度不可缺少的条件。水稻在生育过程中,温度从适温每下降 10 ℃,其呼吸强度大幅度降低。叶片在各种温度条件下的呼吸速率(r)与光合速率(PO)之间有着密切的关系,即温度越低,PO/r 数值越大,说明温度既影响光合作用,也影响呼吸作用,而呼吸强度在低温下的降低尤为明显。

③ 低温降低矿质营养的吸收

根吸收矿质营养所需的能量来自呼吸作用,有些元素的吸收相比于其他一些元素与呼吸作用的关系更为密切。低温对氮、磷、钾的吸收影响最严重，而对钙、镁、氯的吸收影响很小。低温对水稻吸收矿质元素的影响因生育期而异，插秧初期影响最大，随后逐渐减轻。若气温回升，则吸收矿质营养的能力可以恢复，这是由于呼吸频率提高使得吸收的氮、磷、钾等养分急剧增加的，其中最旺盛的是氮，这时，植株以氮代谢为主，因此，稻株养分的平衡被破坏，含氮量过高，茎叶徒长软弱，对稻瘟病的抗性变弱，导致孕穗期易受低温影响而不育，此期即使灌浆，由于气温条件不足也难以充分成熟。

④ 低温影响电导率

低温可以导致电解质渗出率升高，不同水稻品种所表现出的趋势相同。随着低温时间的延长，电解质的相对渗出率也呈明显的增加趋势。

⑤ 低温易引起性器官生理机能变化

A. 低温对花药生理机能变化的影响

现已证实低温会降低花药的干重，降低呼吸功能，从而降低受精率。有分析指出，减数分裂期低温处理后的花药中几乎各类氨基酸都减少，其中在正常花药里占总氨基酸40%以上的脯氨酸降得最多，只有天冬氨酸与此相反，是增加的。低温可引起绒毡层肿大，这是因为细胞内糖浓度增高而导致膨压增大，因此几乎不发生核分裂。用植物生长素处理，也能诱发绒毡层的肿大现象。

B. 低温对花粉形成的影响

中国科学院上海植物生理生态研究所的研究表明，水稻在气温小于17 ℃持续45 h，不饱满花粉率达42.1%—46%，空壳率达47%。华南农业大学曾用高温22 ℃、低温16 ℃(平均20 ℃)、

RH 70%—80%、光强 20 klx 在人工气候箱内处理水稻，看到其减数分裂期遇上低温后不仅结实率降低，而且包颈严重。

C. 低温对开花结实的影响

水稻开花期遇到低温，不仅影响正常开花受精，而且也能使初生胚——受精后的合子停止发育而形成秕粒，使产量降低。在粳稻农林 46 上观察到开花期温度低于 27 ℃时空壳率明显增高，结实率降至 80% 以下；当温度降至 15 ℃时，空壳率比 27 ℃时增加 7 倍，结实率降至 12.6%。

D. 植物光合作用与抗冷性

经过低温处理，植物的光合速率降低，光合速率的降低可能与降温过程中卡尔文循环酶活性的下降有关。但是不同抗冷性的品种，其光合速率受抑制的程度有明显差异。冷敏感植物的抗寒力低，遭遇低温时，其光合速率明显降低，并造成封顶、叶片黄化萎蔫、生长点坏死、受精不良、落花落果等形态的变化甚至死亡，产量和品质受到很大影响。冷敏感植物在低温下对光强特别敏感，低温下中等光强甚至弱光即可引起严重的光抑制、光氧化破坏。有报道认为，低温抑制卡尔文循环过程中的相关酶活性，尤其是 1,5 - 二磷酸核酮糖羧化酶的活性。有研究认为，低温条件下植物更易发生光抑制，这可能与低温抑制碳同化的相关酶活性而降低了光能利用有关。低温等逆境条件下植物利用光能的能力降低，从而将引起或加剧光抑制。热带和亚热带起源的冷敏感植物，在温度稍低于其最适生长温度时，即表现出净光合速率下降的现象，严重的光抑制还会导致光氧化破坏。

E. 细胞膜及结构与抗寒性

植物抗寒能力与可溶性糖、膜磷脂、游离氨基酸，特别是脯氨酸、脱落酸、膜脂肪酸的不饱和度的增加或多少有关，膜系统功能结构的稳定性是维持和发展植物抗寒能力的基础。著名的“膜脂相变冷害”假说认为温带植物遭受零上低温时,只要降到一定的温度,生物膜首先发生膜脂的物相变化,因而膜的透性增大,膜内可溶性物质、电解质大量向膜外渗漏,破坏了细胞内外的离子平衡,同时膜上结合酶的活力降低,酶促反应失调,表现出呼吸作用下降,能量供应减少,植物体内积累了有毒物质。膜脂相变转换温度与膜脂肪酸的不饱和程度密切相关,膜脂中所含的脂肪酸饱和度大,膜脂相变温度相应升高,反之则降低,因此人们围绕着不饱和脂肪酸与植物低温的耐性之间是否存在因果关系做了大量的研究。大量结果表明,膜脂肪酸不饱和度和膜流动性与植物抗寒性密切相关。抗冷性植物一般具有较高的膜脂不饱和度,可在较低温度下保持流动性,维持正常的生理生化功能。近年来生物技术的应用使关于植物抗冷性与脂肪酸饱和度的关系的研究取得了突破性的进展。另外有人认为,镁离子能增加膜的稳定性,使生物膜在胁迫条件下保持完整性,提高膜的抗逆性。

F. 植物抗氧化能力与抗寒性

有研究表明,冷敏感植物在冷胁迫条件下,细胞中活性氧的产生加速,而清除活性氧的能力下降,导致活性氧水平提高。另有研究指出冷驯化提高了细胞内抗氧化酶的活性和内源性抗氧化剂的含量,提高了植物的抗冷性。另外,植物不同的抗冷性也与其细胞内具有不同水平的抗氧化酶活性和内源性抗氧化剂含量相关,抗冷植物比冷敏感植物具有较高水平的抗氧化能力。冷敏感植物的细胞膜系统在低温下(特别是同时有强光)的损伤,还可能与自由基和活性氧引起的膜脂过氧化及蛋白质破坏有关。有人认为,低温胁迫对植物的伤害是植物遭受低温胁迫(特别是有光照的低温胁迫)使细胞膜保护系统及活性氧清除系统受损,有利于活性氧的产生,使细胞内活性氧的产生与清除平衡遭到破坏,从而使膜脂中不饱和脂肪酸发生过氧化作用,造成膜系统结构和功能损伤,严重时引起整个细胞膜系统结构的破坏和解体。

1.2.2.3 障碍型冷害敏感时期的确定

在水稻幼穗分化至开花阶段遇到低温可导致结实率下降,即发生了障碍型冷害。就寒地粳稻而言,从幼穗分化开始至开花结束历时长达 30 天左右,而在不同时期低温对结实率的影响差异也较大。为了更准确地鉴定不同水稻品种抗障碍型冷害的能力和适时采取防御措施,因此在水稻最敏感的时期进行冷害的防御,效果最好,所以如何通过外部形态诊断尤为重要。

(1) 障碍型冷害的形态诊断

剑叶与剑下一叶的叶枕距是判定水稻穗分化进程的重要形态指标之一。而叶枕距的变化规律对准确判定水稻的发育时期具有重要的意义。在常温(非胁迫条件)下,叶枕距通常增加 1.5 cm/d左右。而在不同温度胁迫下,叶枕距的增幅则下降。在 17 ℃—19 ℃低温处理期间,叶枕距通常增加 1 cm/d 以下,在 15 ℃低温下,叶枕距的增长速度甚至不足 0.5 cm/d,不同品种间基本符合这一特征,因此这一指标可以用来鉴定不同品种水稻对障碍型冷害的抗性。

(2) 对水稻孕穗期低温最敏感时间的确定

从水稻发育的角度来看,减数分裂期至小孢子形成期是对低温反应最敏感的时期,而从形态和生育进程来看,通常以叶枕距和距离抽穗的天数来衡量。

① 以距离抽穗的天数进行评测

黑龙江省农科院耕作栽培所在人工气候室对不同品种水稻在抽穗前进行为期 8 天的 15 ℃恒温处理,测定结果表明,在抽穗前14—18天,颖花的空壳率最高。这一结果表明这段时间的低温是导致水稻产生障碍型冷害的关键。

② 以叶枕距来确定敏感期

叶枕距是衡量水稻发育阶段最佳的外部形态指标之一。利用这种方法既可以不破坏植株,又能准确判断水稻的发育状况。研究表明叶枕距在负值时水稻的空壳率远大于正值时的空壳率,且空壳率随负值的增加而增大。通过试验并结合水稻抽穗期叶枕距与空壳率的关系发现,叶枕距在5 cm以前水稻就已进入敏感期。

1.2.2.4 障碍型冷害损失的评估

(1) 动态评估水稻障碍型冷害

水稻进入生殖生长低温敏感期后,遭遇低温天气则使生殖生长过程受阻,雄性不育产生空壳,这是障碍型冷害形成的主要机制。由于每日温度条件和水稻群体进入敏感期的数量比例都不同,因而其对水稻减产的影响程度有很大差别,不能用某一时段的值来代替。实际上,障碍型冷害的损失程度是每日的低温导致的不育数量的累积,马树庆等学者构建了水稻障碍型冷害动态评估模型,其表达式为:

$$y = \frac{1}{\varepsilon}\sum_{j=t_1}^{t_2}\left[(X_j - X_0)P_j\right] = \frac{1}{\varepsilon}\sum_{j=t_1}^{t_2}(Q_jP_j)$$

式中y为研究区域内水稻障碍型冷害的减产率(%);X_j为某日的空壳率(%,其中包括生理空壳率),取决于日内低温强度,即与日内冷积温有关;P_j为研究范围内某一日水稻群体进入生殖生长低温敏感期的数量概率(%);X_0为水稻生理空壳率,可视为不随温度变化的常数,也就是未发生冷害时的自然空壳率,一般在5%—10%之间;Q_j为由低温导致的逐日空壳率;j为日序;t_1、t_2为进入敏感期的开始、结束时间，表示障碍型冷害形成的期限；ε 为水稻空壳率占总体减产率的比重系数，取 0.87，即水稻障碍型冷害减产中约有 87% 是因为低温不育造成的，其余部分由粒数减少、粒重下降所致。

(2) 水稻障碍型冷害致灾强度风险评估

水稻障碍型冷害包括孕穗期冷害和开花期冷害，黑龙江省的水稻孕穗期冷害一般发生在 7 月下旬至 8 月上旬；开花期冷害一般发生在 8 月中下旬。这两个时期出现冷害会对水稻生殖器官的形成、发育造成严重影响，一般年份减产 10% 以上，严重年份可减产 50% 以上。

水稻孕穗期冷害致灾指标：孕穗期间 20 d 内，连续 2 d 以上日平均气温低于 17 ℃，或冷积温 20 ℃ · d 以上。

水稻开花期冷害致灾指标：开花期前后 20 d 内，连续 2 d 以上日平均气温低于 19 ℃，或冷积温 20 ℃ · d 以上。

由于水稻障碍型冷害发生时间序列分布的复杂性，本章采用水稻障碍型冷害的发生频率近似反映冷害的风险程度，并按上述致灾指标逐年判别水稻孕穗期、开花期冷害是否发生，发生则定为冷害年，冷害发生年数占总年数的比率即为冷害发生频率，其频率越大，则水稻障碍型冷害风险越大。

(3) 水稻障碍型冷害致灾损失评估

水稻冷害致灾损失评估，即基于不同灾损序列和灾损等级指标，估算不同灾损等级下的风险概率，不同灾损等级的累积风险为灾损风险指数。一般采用减产、经济损失等表征致灾损失。

① 减产损失

自然条件下冷害导致的灾损减产风险指数(I)是冷害致灾的减产率(Y)、等级(i)及其相应出现概率(P)的函数，如将减产率等级进行足够细分，其模型可表达为：

$$I = F(Y,P) = \int_1^n YP(Y)dY = \sum_{i=1}^{n} Y_i P_i$$

依据模型，求解冷害致灾损失风险指数的关键问题，就转化为估算不同致灾损失等级下的风险概率。

② 经济损失

农作物冷害经济损失风险的大小除与冷害气候风险有关外，还取决于农作物播种面积和产量水平的区域分布，以及生产管理水平等因素。

水稻障碍型冷害经济损失的风险性取决于水稻产量比重和冷害发生概率。年产量高且冷害出现较频繁的地方，水稻冷害经济损失就大。

1.2.3 水稻冷害的防御技术

1.2.3.1 选育耐冷早熟高产品种

随着水稻冷害研究的深入，采用耐冷、早熟、高产的品种已成为一项进攻型的技术措施，其耐冷作用日趋明显。品种耐冷性的选育目标应该是：芽期至苗期有较强的耐冷性，在低温条件下发芽性能强，田间成苗率高，能早生快发，并能保证一定的分蘖数；抽穗开花后，灌浆成熟快，结实率高，在经常发生障碍型冷害的地方，还要求孕穗期有较强的耐冷性。新培育出的品种在通过品种审定时应提交抗障碍型冷害能力的鉴定报告。

品种的耐冷性存在着差异，既存在耐冷性强的品种，也存在耐冷性弱的品种，同一品种不同生育期的耐冷性也不完全一致，比如出芽期和苗期生长快而耐冷的品种，孕穗期的耐冷性不一定强，因此培育出各生育期都高度耐冷的品种很困难。应当根据低温对水稻危害的特点,确定相应的育种目标,并采用适宜的鉴定方法,有效地选择当地需要的耐冷品种。

种植晚熟品种往往遭到严重冷害而减产,选用早熟品种虽然稳产性较好但产量往往较低,而生产上要求的是既稳产又高产,因此必须培育出既早熟又高产的品种,才能被作为防御冷害的技术措施。所谓早熟高产品种应当是在当地气候条件下能够安全成熟并有较高的产量。经常有低温危害的地区,还要考虑低温对水稻各生育阶段生长发育的影响。

不同品种对低温冷害的抵抗力是不同的,从发芽出苗起即有差异,如发芽势。不同品种发芽势不同,对黑龙江地区的垦稻 8 号、垦稻 9 号、垦稻 10 号、垦鉴稻 6 号和空育 131,5 个品种做发芽势试验,恒温 29 ℃条件下,发芽势大小的顺序为垦稻 9 号、垦鉴稻 6 号、垦稻 8 号、垦稻 10 号和空育 131。即使发芽率相近,在低温条件下不同品种在棚内的出苗速度、整齐度也不尽相同,因此低温年应根据品种的发芽势大小调整播量。

黑龙江省粳稻为感温性品种,且整个生育期都对温度敏感,在阶段性低温条件下,品种的生育期延长,叶片数增加,抽穗期延后;高温条件下品种的生育期缩短,叶片数减少,抽穗期提前。不同品种对温度的敏感度不同。2001 年—2002 年,黑龙江省农业科学院水稻研究所育种室对 200 份品种资源进行了抽穗期调查,低温的 2002 年与高温的 2001 年相比,大多数品种的抽穗期比上一年延后 5—7 天,少数品种延后 10 天左右,也有的品种抽穗期与上一年相同。由此可见,不同品种对温度的反应是有差异的,在引用品种时要考虑到这一点。

1.2.3.2 抗冷栽培技术

为了最大可能地避免冷害,应当根据水稻对温度的要求和各地水稻生育期间的气温条件,确定对于延迟型冷害和障碍型冷害都安全的生育期以及对不同的育秧方法所采用的品种,在适宜的时期播种、插秧,建立实施抗冷栽培技术体系,使水稻成熟之前一直都处在比较安全的环境生长发育。

(1) 计划栽培

计划栽培就是按当地的热量条件,选定栽培水稻品种,并根据品种生育期所需积温合理安排播种期、抽穗期和成熟期等,使水稻生长发育的各个阶段,均能充分利用本地热量资源的条件。目前,水稻计划栽培已被认为是防御低温冷害的一种基本手段。

进行水稻计划栽培,首先是针对本地的气象资料,分析确定发芽临界温度(10 ℃)的时期和气温稳定下降至成熟临界温度(13 ℃)的时期,然后根据这一期间的天数来确定水稻生长期可利用的时间(可生育日数)。但生产上为安全起见,并不将这一可生育日数都作为生育期来统计,往往留有一定的安全系数,即生育期要比可生育日数少一些。

水稻孕穗期的花粉母细胞经减数分裂至小孢子形成的初期,对低温极为敏感,必须保证气温稳定在 17 ℃以上;另外为了给水稻的成熟留有充足的时间(大约 40 天),必须限定一个安全抽穗期。

黑龙江省中部稻区 9 月 18 日左右气温一般降至成熟的临界温度 13 ℃,为留有余地,以 9 月 10 日为安全成熟的晚限。成熟期要 40 天左右,因此安全抽穗期应在 8 月 1 日前后为宜。花粉母细胞形成期要求气温稳定在 17 ℃以上,因为低于此温度对花粉粒的形成影响极大,可导致大量花粉败育,形成大量空粒,进而降低水稻产量。从历年月平均气温来看,7 月 14 日稳定在 17 ℃以上,8 月 10 日又降至 17 ℃以下,通常水稻小孢子形成期在抽穗前 7

天左右，因此抽穗期的早限在 7 月 21 日前后，抽穗再提早，小孢子形成期就有一段时间在 17 ℃以下，有遭受冷害的危险。在生产中为了利用营养生长期可塑性较大这一特点，尽可能延长营养生长期，为水稻形成大穗创造条件，我省大部分稻区的适宜抽穗期在 7 月 28 日—8 月 5 日，最迟不能晚于 8 月 10 日。

(2) 采用保护栽培技术

20 世纪 80 年代以来，塑料薄膜旱育秧早插技术开始应用于水稻生产，从而增加了有效积温，使水稻产量大幅度提高。至此，塑料薄膜旱育秧成为寒地稻作区一项防御苗期冷害的技术措施。其中大棚育秧可抢积温早育苗，一般比小棚育苗提早 7—10 天，具有提高和改善秧田管理水平、使秧苗素质好、育苗标准高、成苗率高、节省秧田面积、常年培肥苗床等许多优点。大棚育秧一般比小棚育秧早出苗 3—5 天，具有秧苗素质好、株高低、不易徒长、弹性强等优点。

植物体内的糖分是供应根系呼吸的能源。培育出使体内含有较多糖和磷酸的壮苗，是提高水稻生育初期耐冷性的重要措施。旱育秧就是提高秧苗体内糖和磷累积量的最有效的育秧方法。旱育秧可提早育秧，秧苗挺拔有弹性，体内水分少，碳水化合物、氮、糖及磷酸含量高，耐旱、耐冷，低温下发根力强，初期生长繁茂。保温旱育秧可实现早播早插，因而可减轻延迟型冷害造成的伤害。

近年来，在旱育秧基础上实行稀植，已形成寒地稻作优势。稀植使茎的基部受昼夜温度变化影响较大，可诱发形成更多的分蘖，而且植株个体上部面积大，受光充分，光合作用能力强。这项技术自推广以来，比湿润育苗密植增产 30%，比直播田增产一倍多。

(3) 防御冷害的施肥技术

科学施肥是计划栽培的一个保障措施。为使生育进程按计划达到预期阶段,除农事时间的妥善安排外,水肥对生育的调节作用也十分重要。鉴于水稻营养生长期有较大可塑性的特点,充分利用营养生长期的有效时间,实行科学施肥,使营养体早期生长旺盛,既能达到计划的要求,又能保证及时转入生殖生长期,是水肥管理的技术关键。

水稻营养生长期受低温危害时,生理机能减弱,对磷酸和氮的吸收受到阻碍,影响同化产物的运输和积累,植株矮小。但温度回升后则迅速吸收养分,特别是吸收氮过多,植株含氮量过高,而碳水化合物不足,以致植株繁茂,导致生育延迟,成熟不良,也减轻了对孕穗期障碍型冷害和稻瘟病的抵抗力。灌浆成熟过程中,即使气温条件较好,但由于本来就延迟抽穗开花期,再加上生理上的不健全,含氮量过高,碳水化合物的合成减少,光合产物向穗部的输导也受阻,造成未能正常成熟而减产。因此,在营养生长初期,特别是插秧到分蘖期,必须使水稻处于磷酸和碳水化合物含量较高的状态,生育中期则要防止氮肥过量,使植株体内氮和碳水化合物保持平衡。

① 控制氮肥的施用

低温年份生育中期的稻株含氮量过高会降低其耐冷性,应当控制氮肥施用量,但氮肥不足又不能保证高产,因此,改良土壤,提高土壤中各种养分的含量,保证其良好供应,就可以在减少施氮量的前提下获得高产。在生产实际中,寒地稻区冷害年份,通常应将氮肥总量减少20%—30%,其余的70%—80%用作底肥和蘖肥,20%—30%在抽穗前10—20天用作穗肥,视天气和水稻生育状况灵活施用。如果预计抽穗提早,气温又较高,则可在抽穗前 10 天施用;长相不足,后期有脱肥趋向,可在抽穗前 15—20 天施用;如果天气不好,则不能施用。

研究结果表明,在寒冷稻作区的冷害年,切忌在水稻二次枝梗分化期施用氮肥,因为在寒冷稻作区,水稻幼穗分化初期处于最高分蘖之前,这时追施氮肥,会增加后期分蘖,延迟生长发育,使抽穗开花推迟且参差不齐,降低结实率和千粒重从而减产。

插秧—分蘖初期低温危害是对养分吸收和生育影响大的时期,任何促进返青成活的措施都有助于克服低温危害。秧苗移栽初期,根系主要分布在土壤表层,养分只有与根部相接触时才能被秧苗吸收。深施肥料将抑制水稻初期生长,而在中后期对养分吸收加快。因此,氮肥深施会加重延迟型冷害。许多试验结果证实,全量基肥作全层施肥,在高温年份可以获得最高产量,但低温年份却产量较低。

在插秧初期的水稻周围土壤中,如有高浓度营养成分,会加快生育前期养分吸收,表面施肥虽然流失多、肥效低,但对促进初期生育效果明显。因此,基肥中一般采用全层施肥和表面施肥相结合的方法,表面施肥占基肥总量的 20%—50%,要根据土壤性质具体确定。低洼冷浆地在水稻生长期养分释放缓慢,而中后期释放快,因此,表面施肥比例应大一些。全层施肥是在翻地后耙地前施用的,把肥料混入耕层。表面施肥应在最后一次耙地之前进行,使肥料混合在距地表面 5 cm 土壤内。

低温年增加施氮量,水稻的抽穗期、成熟期都会延迟,更重要的是还会削弱低温敏感期对低温的抵抗力,随氮肥用量的增加,产量构成因素中的颖花量会增加,但结实率会下降。不实率增加的主要原因是在低温条件下,日照时间少,光合作用产物——碳水化合物减少,导致相对吸氮量增加,不能充分转化为蛋白质,氮以原形态聚于体内,使作物受害。

② 增施磷肥

磷能提高水稻体内可溶性糖的含量,从而提高水稻的抗寒能力,同时磷还具有促进早熟的作用。低温冷害年,尤其是水稻生育前期,由于温度低,土壤中磷的溶解释放量少,阻碍了水稻对磷的吸收,必须增施一定量的磷肥,补充土壤中磷释放的不足,以提高水稻植株的抗寒能力。由于磷肥在土壤中移动性小,不易流失,与二价铁结合成可溶态的磷酸亚铁,可被水稻直接吸收利用,因此,磷肥应作为基肥一次性施入根系密集的土层中,以便于水稻吸收,还可防御低温冷害。

1.2.3.3 化学防寒技术

农业是受气候环境影响最为敏感、对资源最为依赖的领域。由于受不利气象因子及其他环境因子的影响,作物经常生长在逆境胁迫中,所以提高作物的抗逆性,保障粮食安全已经引起广泛关注。近年来,利用外源激素提高作物的抗寒能力,已经成为提高作物抗逆的重要途径之一,通过人工合成和施加外源物质提高作物的抗寒性,成为防御和调控低温灾害的有效手段。下面分析和阐述几种外源激素和化学物质使作物提高对低温抵抗性的原理及方法,目的是为化控技术在生产上的运用提供依据。

(1) 激素类调节制剂

植物激素是植物体内合成的对植物生长发育有显著影响的几种微量有机物质,也被称为植物天然激素或植物内源激素。植物激素有几大类,如生长素(IAA)、赤霉素(GA)、细胞分裂素(CTK)、脱落酸(ABA)和乙烯(ETH)等。人们主要对作物施加外源物质来提高作物的抗寒性,所采用的外源物质则多为激素,激素是抗寒基因表达的启动因子,植物的生长和抗寒能力,与其体内激素含量的动态消长密切相关。

① 脱落酸(ABA)

脱落酸又称“逆境激素”,广泛分布在植物界,它的生物合成主要发生在叶绿体和其他质体内,在促进叶片气孔关闭、增强植物的抗逆性、促进种子正常发育等方面有重要的作用。ABA 的一个重要生理功能是提高植物的抗逆性,包括抗寒性。许多研究事实证明在 ABA 存在的条件下,其可以通过促进水分从根系向叶片的输送使细胞膜的通透性得以提高、增加植物体内的脯氨酸等渗透调节物质的含量和迅速关闭气孔以减少水分的损失、增加膜的稳定性以减少电解质的渗漏以及诱导有关基因的表达以提高植物对寒冷的抵抗能力,外施具有一样的效应,目前外源 ABA 在防御低温冷害方面越来越受到重视。

② 赤霉素(GA)

赤霉素是一种双萜类化合物,到目前为止,在微生物和高等植物中已经发现的赤霉素类物质有 118 种。赤霉素的典型生理作用就是显著地促进植物茎节的伸长生长,并在从种子萌发到开花结果等植物的各种生理现象中扮演着重要角色,赤霉素与植物的抗寒性呈负相关,含量低可表明植物抗寒性增强。

GA 是最早被认为与抗冷力有关的植物激素。研究认为,抗冷性强的植物 GA 含量一般低于抗冷性弱的植物,人们利用控制植物体内的 GA 含量来抵抗低温的伤害,但是赤霉素在促进植物茎节的伸长生长、促进种子萌发、诱导单性结实方面有重要的作用,一旦降低了其在植物体内的含量,势必会影响其他方面的生理变化,两者之间存在着矛盾,这也是目前还未能大规模运用其来抗低温冷害的一个主要障碍。虽然 GA 的作用机理已经为人所知,但运用 GA 作为外源性物质来抵抗低温胁迫的方法到目前为止还应用较少。

③ 细胞分裂素(CTK)

细胞分裂素是促进植物细胞分裂的激素,它在植物中有着广泛的生物学效应,如对细胞分裂和扩大的促进作用、诱导芽的分化、解除植物的顶端优势、打破种子休眠、促进种子和芽的萌发、调节营养物质的运输、促进植株从营养生长向生殖生长的转化、促进花芽分化和结实等。近年来,关于 CTK 及其类似物质在植物抗逆性中的作用也越来越受到重视。有学者指出,在低温下根系合成的 CTK 上运受阻而积累在根部,导致叶片中无法检测到 CTK 的存在,即 CTK 含量的变化可作为一个信号,为植物在环境胁迫下调整代谢做出反应。

目前,CTK 在抗低温冷害方面的应用越来越广泛,有研究表明,应用 CTK 类物质处理过水稻种子,与没有经过 CTK 处理种子的植株相比,可明显提高作物的抗低温冷害能力。经过试剂处理的植株会发生一系列生理变化,幼苗的膜保护酶,即超氧化物歧化酶(SOD)、过氧化物酶(POD)和过氧化氢酶(CAT)的活性明显提高,膜脂丙二醛(MDA)的含量明显降低,这提高了作物可溶性糖、可溶性蛋白质、脯氨酸及 ATP 的含量,其叶绿素含量、光合速率和根系活力也分别得到提高。酶含量的提高可以降低植物体内活性氧的浓度,缓解植物因低温而引起的伤害。可溶性糖、可溶性蛋白质、脯氨酸的积累,一方面降低了细胞的水势,提高了保水力,另一方面提高了细胞液浓度,能降低细胞的冰点,再者,也可提高蛋白质的保水能力,使原生质胶体不会凝固。

激动素(KT)是一种细胞分裂素,受冷害的水稻幼苗,经 2 mg/L的激动素喷雾和根施后,其平均单株鲜重、干重、株高、日均生长率、叶绿素含量和 SOD、POD 含量都显著提高。SOD 的含量与 MDA 含量和电解质渗出率(R/R′)呈显著负相关。冷害稻苗经 KT 处理后,其各项生理生化指标均接近正常,足见 KT 对冷害稻苗的保护作用。高效液相色谱分析表明,外源 KT 是通过提高稻苗体内 KT 和玉米素含量而起作用的。

另外,在分子水平上,CTK 还可以调节核编码的叶绿体蛋白基因的表达,增加光诱导的硝酸还原酶 mRNA 和捕光色素结合蛋白 mRNA 的含量,促进低温逆境下 SOD 的重新合成。

④ 乙烯(ETH)

乙烯是一种不饱和烃,几乎所有的高等植物器官都能合成,在叶片衰老、器官脱落、果实成熟以及逆境的条件下,乙烯的合成量大大增加,催熟是乙烯主要和最显著的作用,因此乙烯又叫催熟激素。乙烯对果实成熟、水稻的灌浆与成熟有重要的作用。当作物在遭受低温冷害时,幼苗的生长会受到很大程度的影响,但通过使用一定浓度的乙烯来改变幼苗的理化性质,对提高作物的抗低温冷害能力具有一定的作用。

⑤ 生长素(IAA)

生长素是第一个被发现的激素,在植物的茎尖形成,沿茎和根进行运输。目前利用生长素来抗低温冷害的研究还未见报道,由于其主要作用是促进植物的生长和器官、组织的分化,而对于抗低温冷害的作用机理还不清楚,其可行性尚需试验进行论证。

⑥ 多胺

植物体中的多胺主要包括腐胺、亚精胺和精胺三种。多胺促进冷胁迫抗性的确切机制还不清楚,可能有以下几方面:(1)多胺和细胞膜上的磷脂物质结合在一起,可改变膜在冷害期间的通透性和流动性,减少电解质的泄漏;(2)多胺可作为细胞液酸碱度变化的缓冲剂,能减缓冷害期间细胞液 pH 值的变化;(3)多胺诱导植物的抗冷力形成的信号传导与细胞的代谢密切相关。

⑦ 油菜素内酯(BR)

BR是一种甾醇类植物激素。人们最初发现它与调控植物的生长发育有关,并在生理和分子生物学方面进行了较为深入的研究。人们还发现BR与植物的胁迫反应也有密切关系,可提高植物的抗逆性。此外,BR对逆境胁迫下细胞能量代谢的稳定作用也可能是减轻植物冷害作用机制的另一原因。

(2) 化学制剂

关于化学药物诱导法提高植物抗冷性也有不少报道,多效唑、烯效唑、抗坏血酸以及无机盐等均能在不同程度上提高植物的抗冷性。

① 氯化胆碱

氯化胆碱提高作物抗性的机理是其可明显提高SOD、CAT、POD等膜保护酶的活性,清除过多的自由基,尤其是活性氧自由基,使MDA含量明显减少,增加磷脂酰胆碱和磷脂酰乙醇胺,而且氯化胆碱对叶绿体膜也起到保护作用,减少低温影响的叶绿素损失。此外,氯化胆碱还可增加可溶性糖、可溶性蛋白质和脯氨酸含量。

② 生化黄腐酸

生化黄腐酸的抗逆机理为:一是刺激植物体内酶的活性,催化植物体内的细胞加速对水分和营养的吸收,以及降低叶片水势,增加渗透压等代谢活动,以刺激植株在生理上适应低温生存环境。二是抑制保卫细胞中钾离子的积累,植株遇低温时能自行提高保水能力,关闭叶片气孔或减小开张度,减少水分蒸腾。

③ 活性氧

活性氧是植物细胞正常生理代谢的产物之一,细胞内有许多器官是活性氧产生的来源。当植物细胞遭受逆境胁迫(低温、干旱等)时,细胞内活性氧均有积累,从而对细胞构成氧化胁迫。轻度氧化胁迫能激发细胞酶促(SOD、CAT、POD、GR 等)和非酶促(ASA、CAR、GSH 等)清除活性氧系统的能力,但如果胁迫程度引发的活性氧积累量超过细胞的防御能力,过多的活性氧就会对细胞造成伤害,严重的可导致细胞死亡。活性氧的活动性小,存活时间较长,可以扩散到细胞的各个部位,低浓度活性氧能启动细胞的防御能力,提高植物抗逆性。活性氧是 CAT 和 POD 的底物,外加活性氧可提高生物体内 CAT 和 POD 的活性。活性氧有提高保护酶活性和加固细胞壁的作用,因而也有利于提高低温胁迫下植物的保护酶活性。施用外源活性氧提高植物的抗冷力可能与其可以诱导出许多基因产物有关。活性氧诱导的植物抗冷力主要是在转入过程中调节的。作为胁迫下引起细胞反应的信使物质,活性氧引发细胞的氧化应激反应,也需要钙离子的参与。

④ 海藻糖

海藻糖是由两个葡萄糖分子通过 α,α-(1,1)-糖苷键连接成的非还原性糖,自身性质非常稳定,海藻糖对生物体具有保护作用,这是因为海藻糖在高温、高寒、高渗透压及干燥失水等恶劣条件下在细胞表面能形成独特的保护膜,有效地保护了蛋白质分子不变性。

⑤ 钙离子

钙在植物中主要存在于细胞壁中,也是细胞分裂所必需的成分,钙离子是生物膜的稳定剂,在维护植物细胞膜结构和功能上具有重要作用,而且钙离子能减轻由低温胁迫引起的膜脂过氧化对植物幼苗细胞膜的伤害,提高了植物幼苗的抗冷力。此外,CaO 也能增加水稻幼苗细胞膜的稳定性,诱导 POD 活性提高,由此增强稻苗的抗低温胁迫能力。$CaCl_2$ 由于具有稳定生物膜的功能,而细胞膜体系的稳定性又与抗寒能力呈正相关,因此 $CaCl_2$ 亦被用于抗寒防害。在水稻的培养液中加入适当浓度钙离子可显著提高膜保护酶 SOD 的活性,降低膜脂过氧化产物 MDA 的积累,提高冷害水稻幼苗的干物质、叶绿素含量以及光合强度;降低可溶性糖含量,缓解蛋白质降解速度,增加脯氨酸含量,从而提高水稻幼苗的抗寒性。

⑥ 甜菜碱

甜菜碱是一种季铵类化合物,它作为一种重要渗透调节物质,积累在细胞质内保持与液泡的渗透平衡,对低温胁迫条件下植物的生长发育具有如下保护作用:a. 维持低温条件下酶的活性。b. 通过保持光系统Ⅱ复合体蛋白的稳定性来保持低温胁迫下光系统的活性。

⑦ 多效唑

多效唑是一种植物生长延缓剂。研究表明,应用多效唑能显著提高作物的抗逆性。渗透胁迫下用多效唑做浸根和浸种处理,可提高作物幼苗叶片相对含水量和游离脯氨酸含量,减少质膜透性。

⑧ 沼液

沼液浸种能增强水稻秧苗的抗冷能力,使处于 6 ~ 7 ℃低温胁迫连续 6 天的幼苗,成苗率比对照平均提高 12.66%。这可从叶肉细胞超微结构动态观察中看出明显的差异。研究表明,沼液对水稻秧苗抗冷害生理具有一定的调控功能。沼液中含有脯氨酸、亚油酸、亚麻酸等抗冷物质,这类物质的外源抗冷效果已得到研究的证实。

⑨ 甘油

甘油是一种冰冻保护剂,外源甘油对低温胁迫下的植物起保护作用,而且甘油对磷酸烯醇式丙酮酸羧化酶的活性也有保护作用。磷酸烯醇式丙酮酸羧化酶是一种对低温敏感、参与植物 CO_2 固定的重要的酶。甘油也是植物细胞膜的重要组成部分。

(3) 生物防治

由于化学药剂持效期短、容易产生药害等,生物防治的应用已愈显重要。生物防治的优点是成本低、持效期长、无药害、不污染环境等,人们从自然界植物体上的多种微生物中,筛选对冰核活性细菌(简称 INA 细菌)有拮抗作用、营养竞争能力强、抑杀或寄生性强的微生物菌株,对其进行人工繁殖,再喷洒到植物体上,以控制或灭杀 INA 细菌,达到防御霜冻的目的。利用 INA 细菌的拮抗菌或无活性 INA 细菌突变体进行霜冻的生物防治已成为防治霜冻的新方法。

1.2.3.4 物理防寒技术

低温引起的作物胁迫和灾害,是世界性的农业气象灾害,许多国家都有不同程度的报道。由低温引起的灾害和次生灾害,已经成为仅次于干旱和洪涝的重要气象灾害。在长期与低温灾害抗争的过程中,形成了各种类型的物理防灾减灾技术,对提高防灾能力、降低损失发挥了不同程度的作用。

(1) 烟雾防冷法

烟雾防冷是古老的方法之一,目前在应对大面积的低温防控时仍然偶有采用。在我国不少地区当低温来袭之前,点燃柴草或作物秸秆等生烟发热,在近地层面形成一层烟雾,有一定的防冷抗冷效果。该方法的关键是可操控性差,生成的烟雾量大小及持续稳定性不可靠,因此也有人利用化学方法制造了不同类型的防冷烟幕弹,取得了较好的防冷效果。烟雾防冷法的原理是:一方面在近地层形成的烟幕可有效地阻挡地面长波辐射,减少地面热量损失；另一方面，烟幕颗粒可起到凝结核的作用，使大气中水汽凝结释放热量。另外点燃柴草或烟幕弹后也会有一定的热量释放，因此会对近地层有一定的加温作用。

（2）空气扰动法

在寒冷晴朗的夜晚，地面强烈的长波辐射使地面温度迅速降低，因而经常出现逆温层的现象，如果能将近地层大气上下扰动混合，可将上层热量传输到地表面，弥补因地面强烈辐射而损失的热量，减缓气温持续下降。在国外有利用大型风机或直升机扰动近地层空气的例子，德国是开展这项研究较早的国家，将该方法应用于果园防霜。在日本这项技术也比较普遍，在茶园安装风扇，霜冻来临前加电通风或利用自然风力运转，有一定的防霜效果。

（3）覆盖保温法

覆盖保温法防冷在我国应用比较普遍，如利用秸秆、树叶、塑料薄膜等简易覆盖预防苗期冷害，更简单的覆盖是利用沙土培埋幼苗，也具有一定的防霜效果。随着覆盖技术的发展，地膜覆盖面积在我国已达到上千万公顷，并被称为“白色革命”。当然各类温室、塑料大棚也是一种特殊的覆盖方式，黑龙江水稻生产过程中，在育苗阶段目前都已经采用温室或大棚育苗技术，其主要作用是提高温度、有利于早播种、促进幼苗发育、缩短生育期、有利于避开早霜冻，是一项可操作性强、防霜效果好的实用措施。水稻大棚育秧可抢积温早育苗，一般比小棚育苗提早 7—10 天，具有提高和改善秧田管理水平，使秧苗素质好、育苗标准高、成苗率高，节省秧田面积，可常年培肥苗床等许多优点。此外，采用大棚育秧的秧苗素质好，株高低，不易徒长，秧苗弹性强。

（4）灌溉喷雾法

利用水凝结放热的物理属性，采用微喷雾化技术也能有效防冷,这项技术最早在德国采用,目前在许多国家均有应用。

利用水比热大、放热缓慢的物理特性,在低温来临之前,及时灌溉也具有一定的防冷效果。提高水温是寒地稻作灌溉的基本要求。水稻前期生长受水温影响较大,生育中期受水温和地温的共同影响,后期主要受地温的影响。实验证明,设晒水池、加宽和延长水路、加宽垫高进水口及采用回灌等措施,均可使白天田间水温和地温升高,对促进水稻前期生育有良好效果。防御障碍型冷害的水稻不育,当前唯一有效的办法是在障碍型冷害敏感期进行深水灌溉。冷害危险期幼穗所处位置一般距地表 15 cm,水深 15—20 cm 基本可防御障碍型冷害。

为了确定是否深灌,最重要的是掌握低温危害的指标。通常在孕穗期以连续 3 日平均气温 17 ℃为可能发生障碍型冷害的临界温度。可根据气象预报,在寒流来临时深灌,气温回升时再恢复适宜水层。

采取回水灌溉,可使白天田间水温和地温升高,从而减轻低温冷害。在障碍型冷害敏感的孕穗期,也就是减数分裂期,水深一般控制在 17—20 cm 为宜。水稻的水层管理是根据水稻从生长到成熟整个生育过程需水量的不同而进行的灌溉管理。在不同的生育时期,水稻受地温、水温和气温的影响,温度条件主要影响生长点,生长点在土中受地温影响,在水中时受水温影响,长出水面在空气中时受气温影响。水田水温一般比气温高 3—4 ℃,寒地水稻以水保温、增温是一项重要手段。根据水稻品种的耐冷强度,及时用水保护水稻生长点,耐冷性强的品种一般临界温度为 17—19 ℃,耐冷性弱的品种为 19—21 ℃,要根据不同种植品种与天气预报情况及时调整水层,以达到保护生长点的目的。生育前期是从水稻移栽到有效分蘖终止期,这个时期主要是尽早达到足够的穗数,促进早生分蘖,这个时期的关键是增加和维持水以较高的温度;生育中期是从有效分蘖终止期到抽穗期,这个时期是形成穗及颖花的时期,可采取间歇灌溉,控制水稻长势和培育水稻灌浆,如遇低温时,则应进行深水管理,这对减轻障碍型冷害的伤害是十分重要的;生育后期是从抽穗期到成熟期,这个时期要保持水稻根系的健康,应采用间歇灌溉。

参考文献

[1] 席吉龙, 张建诚, 席凯鹏, 等. 外源 ABA 对小麦抗旱性和产量性状的影响[J]. 作物杂志, 2014(3): 105-108.

[2] 王远敏, 王光明. ABA 浸种对水稻生长发育及产量的效应研究[J]. 西南师范大学学报(自然科学版), 2007,32(1): 91-96.

[3] 曾卓华, 易泽林, 王光明, 等. ABA 浸种对水稻幼苗生理及产量性状的影响[J]. 西南大学学报(自然科学版), 2009,31(10): 52-56.

[4] 邵玺文, 孙长占, 阮长春, 等. ABA 浸种对水稻生长及产量的影响[J]. 吉林农业大学学报, 2003,25(3): 243-245.

[5] 黄宇, 苏以荣, 谢小立, 等. ABA 对双季早稻产量的影响[J]. 湖南农业科学, 2001(1): 23-24.

[6] 李晶, 张丽芳, 焦健, 等. 低温胁迫下外源 ABA 对玉米幼苗生长影响[J]. 东北农业大学学报, 2015,46(11):1-7.

[7] 方彦, 武军艳, 孙万仓, 等. 外源 ABA 浸种对冬油菜种子萌发及幼苗抗寒性的诱导效应[J]. 干旱地区农业研究, 2014, 32(6): 70-74.

[8] 莫小锋, 贲柳玲, 邱莉维, 等. 外源 ABA 处理提高结缕草抗

寒性试验[J]. 南方园艺, 2014,25(3): 6－10.

[9] 王军虹, 徐琛, 苍晶, 等. 外源 ABA 对低温胁迫下冬小麦细胞膜脂组分及膜透性的影响[J]. 东北农业大学学报, 2014, 45(10): 21－28.

[10] 李宁, 王萍, 李烨, 等. 外源化学物质对低温胁迫下茄子细胞膜系统的影响[J]. 长江蔬菜, 2012(6): 20－22.

[11] 周碧燕, 郭振飞. ABA 及其合成抑制剂对柱花草抗冷性及抗氧化酶活性的影响[J]. 草业学报, 2005,14(6):94－99.

[12] 金喜军, 宋柏全, 杨君凯, 等. GA 和 ABA 对甜菜幼苗保护酶活性的影响[J]. 中国糖料, 2015,37(4): 20－23.

[13] 杨东清, 王振林, 尹燕枰, 等. 外源 ABA 和 6－BA 对不同持绿型小麦旗叶衰老的影响及其生理机制[J]. 作物学报, 2013,39(6): 1096－1104.

[14] 郭贵华, 刘海艳, 李刚华, 等. ABA 缓解水稻孕穗期干旱胁迫生理特性的分析[J]. 中国农业科学, 2014,47(22): 4380－4391.

[15] 黄凤莲, 戴良英, 罗宽. 药剂诱导水稻幼苗抗寒机制研究[J]. 作物学报, 2000,26(1): 92－97.

[16] Ezaz A. M., Laurence C. C., Robyn L. O., et al. Mechanism of low-temperature-induced pollen failure in rice[J]. Cell Biology International, 2010, 34(5):469－476.

[17] Surajit K. De Datta. Principles and practices of rice production [M]. New York: Robert E. Krieger publishing company, 1981.

[18] Renata P. C., Raul A. S., Denise C. Avoiding damage and achieving cold tolerance in rice plants[J]. Food and Energy

Security, 2013, 2(2):96 – 119.

[19] Cheng C., Yun K. Y., Ressom H., et al. An early response regulatory cluster induced by low temperature and hydrogen peroxide in seedlings of chilling-tolerant japonica rice[J]. BMC Genomics, 2007, 8:175.

[20] Oliver S. N., Dennis E. S., Dolferus R.. ABA regulates apoplastic sugar transport and is a potential signal for cold-induced pollen sterility in rice[J]. Plant and Cell Physiology, 2007,48(9): 1319 – 1330.

[21] Verdier J., Thompson R. D. Transcriptional regulation of storage protein synthesis during dicotyledon seed filling[J]. Plant and Cell Physiolgy, 2008, 49(9): 1263 – 1271.

[22] Kende H., Zeevaart J A.. The five "classical" plant hormones [J]. The Plant Cell, 1997(9): 1197 – 1210.

[23] Sansberro P. A., Mroginski L. A., Bottini, R. Foliar sprays with ABA promote growth of *Ilex* paraguariensis by alleviating diurnal water stress[J]. Plant Growth Regulation, 2004, 42: 105 – 111.

[24] Peng Y. B., Zou C., Wang D. H., et al. Preferential localization of abscisic acid in primordial and nursing cells of reproductive organs of Arabidopsis and cucumber[J]. New Phytologist, 2006,170(3): 459 – 466.

[25] Travaglia C., Reinoso H. ,Bottini R. Application of abscisic acid promotes yield in field-cultured soybean by enhancing production of carbohydrates and their allocation in seed[J]. Crop and Pasture Science, 2009, 60:1131 – 1136.

[26] Zhang Y. , Jiang W. , Yu H. , et al. Exogenous abscisic acid alleviates low temperature-induced oxidative damage in seedlings of Cucumis sativus. L[J]. Transactions of the Chinese Society of Agricultural Engineering, 2012, 28 (Supp. 2): 221 – 228.

第2章　寒地粳稻孕穗期冷害耐冷性筛查

低温胁迫是危害水稻生产的主要非生物胁迫之一，直接或间接影响着水稻的生理状况，常常导致植株代谢紊乱，最终造成水稻减产，在全世界温带地区甚至高海拔的热带地区都很普遍。冷害一直是我国水稻生产的重要限制因子之一，尤其是在黑龙江寒地稻作区，冷害更是严重威胁水稻产量和品质的重大自然灾害之一，孕穗期障碍型冷害更具有危害大、突发性、群发性等特点，严重影响水稻稳产，威胁粮食安全。种植耐冷性强的水稻品种是寒地稻作区预防水稻障碍型冷害最可行的方法，因此全面了解寒地水稻于孕穗期的耐冷性非常重要，对水稻孕穗期障碍型冷害防控、耐冷育种以及耐冷基因鉴定和定位都有重要的指导意义。

2.1　材料与方法

2.1.1　试验材料准备

为了全面了解寒地粳稻资源材料耐冷性差异，从黑龙江省不同生态区搜集整理寒地水稻品种（系）材料836份。其中适合在黑龙江省第一积温区种植的水稻品种（系）为261份，适合在黑龙江省第二积温区种植的水稻品种(系)为 349 份,适合在黑龙江省第三积温区种植的水稻品种(系)为 222 份,其他材料 4 份(见表 2-1)。

表 2-1　适于不同积温区种植的水稻资源材料及其低温处理空壳率分布

适宜种植区域	资源总数	空壳率低于 20% 的资源数量	空壳率低于 20% 的资源比例(%)
第一积温区	261	17	6.51
第二积温区	349	53	15.19
第三积温区	222	90	40.54

2.1.2　水稻孕穗期障碍型冷害耐冷性评价方法

试验在黑龙江省农业科学院水稻研究所冷害鉴定圃进行,采用孕穗期深冷水灌溉法,于当年 4 月 15 日播种,采用旱育苗方式育苗,5 月 20 日移栽,秧龄为 3 叶 1 心,移栽规格为 30 cm × 13.3 cm,每穴三株丛栽,5 行区,3 米行长,垄向与处理时水流方向一致。田间采用常规管理方式。7 月初选穗挂牌处理,选穗标准是剑叶与倒二叶叶枕距为 -4— -2 cm,每个品种选 50 穗挂牌。处理区进行深冷水串灌,水温 17 ±0.2 ℃,处理 10 天。处理期间采用全自动控温设备进行田间水温的调控。成熟期收获,将挂牌的稻穗采回进行考种,调查空壳率。

2.1.3 考察项目和方法

生育期调查:记录播种、插秧和水稻植株成熟的具体日期。

孕穗期调查:水稻拔节后,开始观察幼穗分化,记录每天叶枕距的变化,达到处理标准即开始挂牌,然后进行低温处理。

水稻株高调查:在水稻成熟期,选择低温处理的 10 株材料进行株高测量。测量方法是用尺子测量从茎基部至穗顶部的高度。

穗长调查:选择低温处理的 10 个稻穗,用尺子测量从穗茎节到穗顶端的长度。

每穗粒数调查:选择低温处理的 10 个稻穗,全部进行脱粒,记录所有籽粒数,包括空瘪粒和实粒。

空壳率调查:每个品种选取孕穗期低温处理时挂牌的 10 个稻穗,每穗分别进行脱粒,数出空粒、瘪粒和实粒数值。可以利用每穗粒数调查的材料结合进行。利用以下公式计算空壳率。

空壳率 = 空瘪粒数/(空瘪粒数 + 实粒数) ×100%

千粒重调查:从每个品种的记录每穗粒数调查的 10 个穗中,挑选饱满的实粒数出 1000 粒,并有 3 次重复,计算 3 次粒重的平均值为本材料的千粒重,以 g 为单位。

2.1.4 数据处理与分析

采用 Excel2003 进行初步分析,绘制相关图表。试验结果的 F 统计检验采用 SPSS12.0 软件进行,并利用最小二乘法进行多重比较,采取双尾试验进行方差分析。

2.2 结果与分析

2.2.1 寒地粳稻资源材料孕穗期障碍型冷害耐冷性分析

对寒地水稻品种(系)资源的耐冷性进行筛选,结果如图2-1所示。供试的 836 份水稻资源材料的孕穗期耐冷性存在很大差异,其中有 6 份资源材料耐冷性极强(龙稻 5 号、龙粳 40 号、龙育 09-C69、垦稻 20 号、龙粳 43 号和空育 131),在经过孕穗期的低温处理后的水稻空壳率不超过 5%。而水稻资源材料中耐冷性极弱的材料也很少,经孕穗期低温处理后空壳率超过 90% 的水稻材料有 11 份(垦 09-241、平壤 10 号、垦 09-284、龙粳 11 号、龙交 04-908、吉80-62、尚洲粘、龙立、08-1503、三百、挂桥),仅占全部参试材料的 1.3%。从低温处理后不同空壳率水稻资源材料份数可以看出,不同耐冷性的资源材料数目基本上呈正态分布,即耐冷性极强和耐冷性极弱的资源材料较少,耐冷性居中的资源材料占有很大份额,空壳率在 40%—60% 的资源材料数目尤为突出,共有 261 份,占全部资源材料的 31.2%。

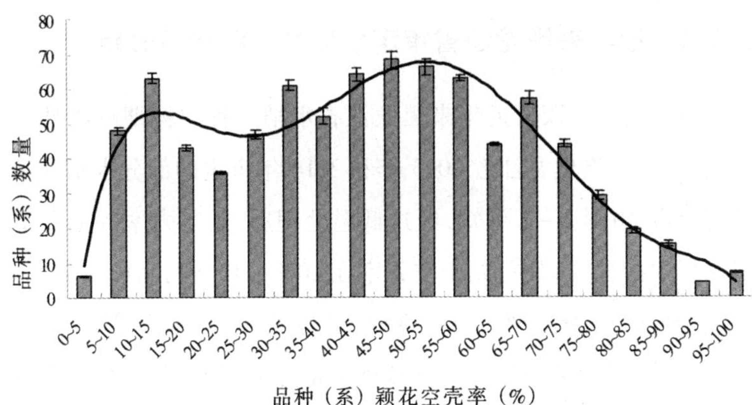

图2－1　低温处理条件下寒地粳稻资源材料不同空壳率资源数目分布

从资源材料的孕穗期耐冷性分布图可以看出，水稻孕穗期低温处理后空壳率为5%—10%、10%—15%和15%—20%的水稻资源数目显得较为突出，明显高于常规正态分布曲线，这与黑龙江省品种审定中强制的耐冷性限制有密切关系，所以水稻品种低温处理空壳率在自然选择和人工选择压力下集中在5%—20%，使得资源分布图中此处资源数目尤显突出。

来源于不同积温区的水稻品种资源材料的耐冷性存在较大差异，来源于相对较低积温稻作区的资源材料具有更强的孕穗期耐冷性。从资源材料低温处理空壳率的分布情况可以看出，来源于积温较低的第三积温区的水稻资源材料低温处理空壳率低于20%的数量较多，所占比例较大，低温处理空壳率低于20%的材料有90份，占该区材料的40%以上。而来源于相对积温较高的第一和第二积温区的资源材料的低温处理空壳率低于20%的相对较少，分别为17份和53份，分别占该积温区资源材料总数的6.51%和15.19%。

2.2.2 近年来黑龙江省审定水稻品种耐冷性分析

为了进一步探讨近年来黑龙江省水稻品种孕穗期耐冷性特点,我们单独将黑龙江省 2013 年和 2014 年审定的部分水稻品种进行分析,由图 2－2 可知,经过低温处理后,其空壳率的分布情况都集中在 35% 以下,其中空壳率在 10%—15% 的品种最多,有 15 份,约占 31 份品种材料的 50%,这也可以从侧面解释图 2－1 中资源材料耐冷性正态分布曲线前半部分数值偏高的原因,审定品种在低温处理空壳率 30% 以下的资源中占有一定份额,使得空壳率 5%—20% 的区域显得突出。在近两年审定的水稻品种中,空壳率高于 35% 的水稻品种数为 0,空壳率低于 5% 的品种只有 2 份(龙粳 40 号和龙粳 43 号),说明这些品种只是具有相对较强的耐冷性,但能集合优良产量等性状的品种所占比例非常小。

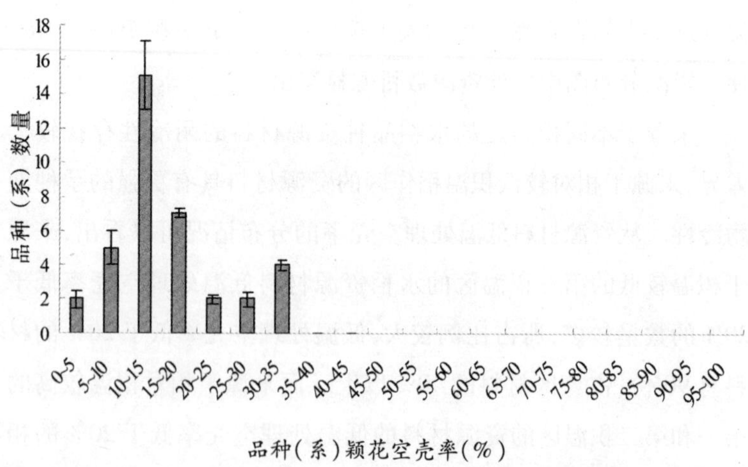

图 2－2 黑龙江省 2013 年和 2014 年审定品种空壳率资源数目分布

对黑龙江省 2013 年和 2014 年审定的部分水稻品种低温处理后其空壳率与部分重要性状进行相关分析,结果(表 2－2 和

表2－3）表明水稻低温处理后的空壳率与这些性状的相关性不显著，说明寒地水稻品种孕穗期耐冷性与这些性状没有必然联系，在寒地稻作区水稻育种和生产实践中应该单独考虑品种的耐冷性。

表2－2　2013 年和2014 年黑龙江省部分审定品种低温处理空壳率与性状的比较

品种	空壳率（%）	生育天数（d）	活动积温（℃）	主茎叶数	株高（cm）	穗长（cm）	每穗粒数	千粒重（g）
北稻6号	16.06	134	2450	12	102.2	18.2	106.1	25.5
东富102	10.28	146	2750	13	96.2	20.9	119.2	25.3
东富103	13.09	138	2550	12	100.1	20.2	111.1	25.5
哈粳稻1号	30.19	142	2650	13	100.3	21.7	131.3	24.3
哈粳稻2号	22.63	142	2650	13	109.9	22.2	134.2	26.6
金禾2号	9.1	136	2500	12	95.5	17.3	107.6	26.2
龙稻15号	13.97	142	2650	13	95.2	21.1	119.8	25.1
龙稻16号	16.57	146	2750	14	95.2	22.1	140.3	25.3
龙稻17号	18.4	142	2650	13	98.3	19.7	110.2	26.4
龙稻18号	11.51	140	2600	13	98.2	22.2	140.0	27.2

续表

品种	空壳率(%)	生育天数(d)	活动积温(℃)	主茎叶数	株高(cm)	穗长(cm)	每穗粒数	千粒重(g)
龙稻 19 号	15.62	144	2700	14	98.4	20.5	130.3	26.1
龙粳 19 号	11.8	131	2390	12	96.9	17.8	88.3	25.0
龙粳 39 号	31.4	130	2350	11	93.3	15.1	96.7	26.8
龙粳 40 号	4.21	127	2250	11	90.5	16.2	77.1	26.3
龙粳 41 号	19.95	130	2350	11	94.3	15.8	99.4	26.2
龙粳 42 号	7.29	134	2450	12	93.3	15.1	100.2	25.3
龙粳 43 号	4.68	130	2350	11	89.4	14.3	104.2	25.5
龙粳 44 号	33.51	130	2350	11	96.3	17.3	96.5	25.7
龙庆稻 4 号	11.95	127	2250	11	92.2	17.4	92.1	26.2
苗稻 2 号	10.66	136	2500	12	90.2	19.9	119.8	24.2
牡丹江 32	9.95	139	2575	13	97.8	17.6	109.2	25.2
牡响 1 号	28.1	136	2500	13	90.4	17.7	89.3	24.5
松粳 20 号	12.31	146	2750	14	95.2	16.6	149.3	24.4
绥粳 14 号	10.73	138	2550	13	107.3	20.1	118.8	26.7

续表

品种	空壳率(%)	生育天数(d)	活动积温(℃)	主茎叶数	株高(cm)	穗长(cm)	每穗粒数	千粒重(g)
绥粳15号	11.59	130	2350	11	99.4	18.6	94.3	26.3
绥粳17号	29.84	134	2450	12	93.4	17.8	97.5	26.6
绥粳18号	23.32	134	2450	12	104.2	18.2	109.3	26.1
中龙粳1号	10.2	134	2450	12	93.7	18.4	99.8	25.2
中龙粳2号	16.19	142	2650	13	110.3	19.5	149.6	24.3
中龙粳3号	34.73	134	2450	12	96.5	17.2	98.0	24.5
中龙香粳1号	10.4	136	2500	12	100.3	19.4	99.7	26.2

表2-3 2013年和2014年黑龙江省部分审定品种低温处理空壳率与部分性状相关性分析

	空壳率(%)	生育天数(d)	活动积温(℃)	主茎叶数	株高(cm)	穗长(cm)	穗粒数	千粒重(g)
空壳率	1							
生育天数	-0.0246	1						
活动积温	-0.0149	0.9990	1					

续表

	空壳率(%)	生育天数(d)	活动积温(℃)	主茎叶数	株高(cm)	穗长(cm)	穗粒数	千粒重(g)
主茎叶数	-0.0184	0.9349	0.9339	1				
株高	0.1192	0.3651	0.3717	0.3329	1			
穗长	0.0219	0.6978	0.6946	0.6309	0.4882	1		
穗粒数	-0.0514	0.8427	0.8404	0.7684	0.4788	0.6214	1	
千粒重	-0.0326	-0.2772	-0.2839	-0.2781	0.0890	-0.0483	-0.2345	1

2.3 讨论和结论

低温是一种严重的环境胁迫，严重影响水稻的生长和发育，水稻品种间的耐冷性存在很大差异，低温将导致冷敏感水稻很多生理过程和形态结构发生改变，使其通过合成不同的代谢物来抵御低温胁迫。水稻耐冷性是受多基因控制的性状，研究人员通过不同方法在水稻各个染色体上都定位到了与水稻耐冷性有关的QTL，但2014年以前鲜见耐冷性相关基因克隆和功能分析的详尽报道。2015年，中国科学院植物研究所种康课题组在《细胞》(*Cell*)杂志上发表文章，鉴别出了赋予粳稻耐冷性的一个数量性状基因座COLD1，证实了编码蛋白和其赋予水稻耐冷性的作用机理，使水稻耐冷基因研究走上一个新台阶。虽然孕穗期耐冷的遗传机制我们还不清楚，但一些孕穗期耐冷性相关的QTL已经成功定位,QTL 定位是基于差异基因的表型鉴定,不利于多基因同时鉴别。为了能在一个受体中聚合大量基因以达到提升水稻孕穗期耐冷性,Shirasawa 等认为最有效的方法是在表型鉴定的基础上定位单个基因,然后通过标记辅助选择的方法聚合这些基因。广泛的遗传资源是进行水稻耐冷基因聚合的有力保障,寒地粳稻资源在长期自然选择和人工选择的双重压力下,孕穗期耐冷基因得到了很好的保留和提高,寒地粳稻孕穗期耐冷遗传资源的筛查将为水稻耐冷遗传研究和育种工作带来巨大贡献。我们通过搜集整理和鉴定寒地粳稻资源材料的孕穗期耐冷性,筛选出 6 份孕穗期耐冷性较强的寒地粳稻资源,结果表明寒地水稻资源材料孕穗期低温处理空壳率的分布接近正态分布。然而低温处理空壳率在 20% 以下的水稻资源数量明显突出,这是由于地处高纬度寒地稻作区,夏季低温冷害频发,严重影响水稻产量,因此对水稻障碍型冷害有了充分的和长期的重视,在自然和人工选择的双重压力下,水稻品种、资源的耐冷性得到较大提升,耐冷基因得到了很好的传承和发展。在黑龙江寒地稻作区水稻育种实践中,水稻障碍型冷害抗性是品种选育的一个重要参考,黑龙江省选育品种在耐冷性方面存在自然选择和人工选择的双重压力,因此黑龙江省审定水稻品种一般具有较强的抗冷性,尤其是 2003 年以后,水稻耐冷性被列入黑龙江省品种审定的标准,黑龙江省水稻品种的耐冷性又有了长足进展,所以才会出现在寒地水稻资源材料孕穗期耐冷性筛选中,低温处理空壳率在 20% 以下的水稻资源材料的数量比较突出的情况。在意大利、韩国和日本等地区也都有通过选择压力改善水稻孕穗期耐冷性的报道。我们在分析黑龙江省不同积温区水稻孕穗期对障碍型冷害的耐冷性时还发现,来源于积温相对较高地区的水稻品种(系)孕穗期的耐冷性相对较弱,而来自第三积温区积温较低的水稻品种(系)孕穗期的耐冷性相对较强,第三积温区自然积温较低,低温胁迫选择压力更大,这也说明低温胁迫的自然选择压力有助于水稻耐冷性的改善。崔迪等在对来源于全国 11 个省份及其他 9 个国家和地区的 347 份水稻材料进行孕穗期耐冷性评价时发现,我国黑龙江省水稻的低温结实率低于我国云南和日本,接近朝鲜,而高于韩国、意大利等国家和地区,这也证明黑龙江省在水稻孕穗期的耐冷性方面有较好的遗传基础。

黑龙江省水稻资源材料总体耐冷性较强,不同积温区水稻品种的孕穗期耐冷性存在差异,基本上表现为积温较低地区水稻品种的耐冷性相对较强。本试验通过对 836 份黑龙江省粳稻材料孕穗期障碍型冷害进行鉴定,获得了 6 份耐冷性极强的材料和 11 份耐冷性极弱的材料,为后期进行耐冷性鉴定评估和基因定位提供了材料基础。对黑龙江省 2013 年和 2014 年审定的部分水稻品种孕穗期耐冷性的分析表明,自然选择和人工选择的压力有助于水稻耐冷性的改善,使其具有较强的孕穗期耐冷性。从审定的部分水稻品种的孕穗期耐冷性与一些基本性状的相关分析可以看出,水稻品种的孕穗期耐冷性与株高、穗长、穗粒数、千粒重等重要性状相关性不显著,与主茎叶片数、生育期、活动积温等相关性也不显著。

参考文献

[1] 赵秀琴,张婷,王文生,等. 水稻低温胁迫不同时间的代谢物谱图分析[J]. 作物学报,2013,39 (4):720 - 726.

[2] 矫江,许显滨,孟英. 黑龙江省水稻低温冷害及对策研究[J]. 中国农业气象,2004,25(2):26 - 29.

[3] 矫江,中本和夫,李宁辉,等. 黑龙江省水稻低温冷害研究进展[M]. 北京:中国农业科学技术出版社, 2009.
[4] 李锐,曾宪国,王连敏,等. 2006 年低温冷害对黑龙江省水稻影响浅析[J]. 黑龙江农业科学,2007,(5):27-29.
[5] 王春艳,曾宪国,王连敏,等. 黑龙江省水稻冷害Ⅱ品种间耐障碍型冷害的差异[J]. 黑龙江农业科学,2009,(2):20-22.
[6] 王萍,王桂霞,石剑,等. 黑龙江省 2002 年农业气象灾害综述[J]. 黑龙江气象,2003,(3):24-25.
[7] 王彤彤, 王连敏. 我国寒地水稻障碍型冷害研究进展[J]. 自然灾害学报,2013,22(4):167-174.
[8] 王连敏,王春艳,王立志,等. 寒地水稻冷害及防御[M]. 哈尔滨:黑龙江科学技术出版社,2008.
[9] 王连敏,王立志,张国民,等. 寒地水稻耐冷基础的研究Ⅲ. 花期低温对水稻结实的影响[J]. 中国农业气象,1997,18(5):9-11.
[10] 王连敏,曾宪国,王立志,等. 黑龙江省水稻冷害Ⅰ冷害发生的时间规律[J]. 黑龙江农业科学,2009,1:12-14.
[11] 王连敏,王立志,王春艳,等. 花期低温对寒地水稻颖花结实的影响[J]. 自然灾害学报,2004,13(2):92-95.
[12] 潘国君. 寒地粳稻育种[M]. 北京:中国农业出版社,2014..
[13] 李太贵. 在低温下筛选水稻不同生长期耐寒品种的室内方法[J]. 国外农业科技,1981(4):18-21.
[14] 韩龙植,曹桂兰,芮钟斗,等. 水稻芽期耐冷性与其他耐冷性状的相关关系[J]. 作物学报,2004,30(10):990-995.
[15] 徐孟亮,陈淑媛,莫香,等. 水稻耐冷相关基因克隆研究进

展[J]. 生命科学研究,2014,18(2):162 - 166.

[16] 崔迪,杨春刚,汤翠凤,等. 低温胁迫下粳稻选育品种耐冷性状的鉴定评价[J]. 植物遗传资源学报, 2012,13(5):739 - 747.

[17] 张景龙,孟昭河,郑桂萍,等. 寒地水稻孕穗期耐冷性的鉴定[J]. 现代化农业,2010,369(4):27 - 29.

[18] Cruz R. P. , Sperotto. R. A. , Cargnelutti D. , et al. Avoiding damage and achieving cold tolerance in rice plants[J]. Food and Energy Security, 2013,2(2): 96 - 119.

[19] Jena K. K. ,Kim S. M. ,Suh J. P. , et al. Development of cold-tolerant breeding lines using QTL analysis in rice[J]. Second Africa Rice Congress, Bamako, Mali,2010,3:22 - 26.

[20] Xu L. , Zhou L. , Zeng Y. , et al. Identification and mapping of quantitative trait loci for cold tolerance at the booting stage in a japonica rice near-isogenic line[J]. Plant Science(Oxford), 2008,174:340 - 347.

[21] Jiang W. ,Jin Y. ,Lee J. , et al. Quantitative trait loci for cold tolerance of rice recombinant inbred lines in low temperature environments[J]. Molecules and Cells, 2011,32:579 - 587.

[22] Dai L. ,Lin X. ,Ye C. , et al. Identification of quantitative trait loci controlling cold tolerance at the reproductive stage in Yunnan landrace of rice Kunmingxiaobaigu[J]. Breeding Science, 2004,54:253 - 258.

[23] Qian Q. ,Zeng D. ,He P. , et al. QTL analysis of the rice seedling cold tolerance in a double haploid population derived from anther culture of a hybrid between indica and japonica rice[J].

Chinese Science Bulletin,2000,45:448 - 453.

[24] Jiang L. ,Xun M. ,Wang J. , et al. QTL analysis of cold tolerance at seedling stage in rice (*Oryza sativa* L.) using recombination inbred lines[J]. Journal of Cereal Science, 2008,48: 173 - 179.

[25] Zhang Z. ,Su L. ,Li W. , et al. A major QTL conferring cold tolerance at the early seedling stage using recombinant inbred lines of rice (*Oryza sativa* L.) [J]. Plant Science,2005,168: 527 - 534.

[26] Chen L. ,Lou Q. ,Sun Z. , et al. QTL mapping of low temperature on germination rate of rice[J]. Rice Science, 2006,13: 93 - 98.

[27] Fujino K. Mapping of quantitative trait loci controlling low-temperature germinability in rice (*Oryza sativa* L.) [J]. Theor. Appl. Genet. ,2004,108:794 - 799.

[28] Jena K. K. ,Kim S. M. ,Suh J. P. , et al. Identification of cold-tolerant breeding lines by quantitative trait loci associated with cold tolerance in rice [J]. Crop Science, 2012, 52: 517 - 523.

[29] Miura K. ,Lin S. Y. ,Yano M. , et al. Mapping quantitative trait loci controlling low temperature germinability in rice (*Oryza sativa* L.) [J]. Breeding Science, 2001,51:293 - 299.

[30] Andaya V. C. Mapping of QTLs associated with cold tolerance during the vegetative stage in rice[J]. Journal of Experiment Botany, 2003,54:2579 - 2585.

[31] Kim S. J. , Lee S. C. , Hong S. K. , et al. Ectopic expres-

sion of a cold-responsive *OsAsr*1 cDNA gives enhanced cold tolerance in transgenic rice plants[J]. Molecules and Cells, 2009,27(4):449－458.

[32] Chen N.,Xu Y.,Wang X., et al. *OsRAN*2, essential for mitosis, enhances cold tolerance in rice by promoting export of intranuclear tubulin and maintaining cell division under cold stress[J]. Plant, Cell and Environment, 2011,34:52－64.

[33] Dubouzet J. G.,Sakuma Y.,Ito Y., et al. OsDREB genes in rice, Oryza sativa L., encode transcription activators that function in drought-, high-salt- and cold-responsive gene expression [J]. Plant Journal, 2003,33:751－763.

[34] Liu K.,Wang L., XU Y.,et al. Overexpression of Os-COIN, a putative cold inducible zinc finger protein, increased tolerance to chilling, salt and drought, and enhanced proline level in rice[J]. Planta, 2007,226(4): 1007－1016.

[35] Ma Y.,Dai X., Xu Y., et al. Cold1 confers chilling tolerance in rice[J]. Cell, 2015,160:1－13.

[36] Shirasawa, S., Endo T.,Nakagomi K., et al. Delimitation of a QTL region controlling cold tolerance at booting stage of a cultivar,'Lijiangxintuanheigu', in rice, *Oryza sativa* L.[J]. Theoretical and Applied Genetics, 2012,124:937－946.

[37] Russo S.. Breeding and genetical research in Italian rice[J]. Cahiers Options Mediterraneennes,1994(8):43－47.

[38] Lee S. C.,Lee M. Y.,Kim S. J., et al. Characterization of an abiotic stress-inducible dehydrin gene *OsDhn*1, in rice(*Oryza sativa* L.)[J]. Molecules and Cells,2005,19:212－218.

[39] Glaszmann J. C. , Kaw R. N. , Khush G. S.. Genetic divergence among cold tolerant rices (*Oryza sativa* L.) [J]. Euphytica, 1990,45:95 - 104.

[40] Saito K. , Miura K. , Nagano K. , et al. Identification of two closely linked quantitative trait loci for cold tolerance on chromosome 4 of rice and their association with anther length[J]. Theoretical and Applied Genetics, 2001,103:862 - 868.

第3章　不同品种水稻对孕穗期低温的敏感性分析

水稻是喜温作物,对低温特别敏感,其适宜生长温度为25—35 ℃,温度低于20 ℃可能影响植株的生长和发育。冷害是指作物在其生长所需适温以下至冰点以上温度范围内所发生的生长停滞或生育障碍现象,是影响我国高纬度地区水稻生产的主要因素之一。低温胁迫下,同一物种的不同品种之间,耐冷敏感性也存在较大差异,如粳稻的耐冷性明显优于籼稻。水稻生长期遭受低温,可使大量的基因重组表达,进而引起生理和代谢的变化,使得发育延缓。在水稻生长过程中,低温可以影响种子萌发及幼苗的生长势,最终导致不均匀成熟,在生殖生长过程中,低温可以引起花粉不育及严重减产,可使水稻生理机能发生混乱,最终形成冷害。国内外大量学者趋向于在不同生育期对不同水稻品种的相关基因表达差异的研究,这些研究的结果都反映了不同水稻品种对低温的敏感性存在差异。

本章在前期工作的基础上,通过调查强低温条件下不同时间长度处理后的6个主栽品种的空壳率,确定不同品种水稻对孕穗期冷害的承受能力,同时结合气象预报,为实际生产提供预测性建议,以期减少种植损失。

3.1 材料与方法

3.1.1 试验材料与设计

试验于2013年在黑龙江省农业科学院寒地作物生理生态重点实验室进行。供试水稻品种为空育131、垦稻12号、松粳9号和龙粳11号,采用盆栽方式,盆保苗三穴,单本栽插。生育期常规水肥管理,于水稻孕穗期进行低温处理。

3.1.2 试验方法

该试验以室外正常光温下的盆栽为对照(CK),以进入气候室低温处理的盆栽为处理,每处理设3次重复,各供试品种置于G2(恒温15 ℃)和G3(变温15 ℃)玻璃室进行低温处理,分别进行2 d、4 d、6 d和8 d处理,变温处理24 h变化如图3-1所示。

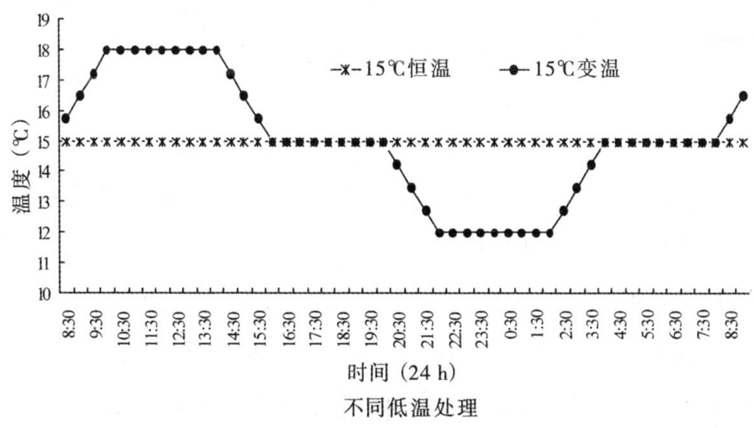

图3-1 24h温度处理的变化

3.1.3　数据处理与分析

试验所有数据采用 Excel 2003 和 DPSv7.05 软件进行统计分析。

3.2　结果与分析

3.2.1　恒温 15 ℃对垦稻 12 号空壳率的影响

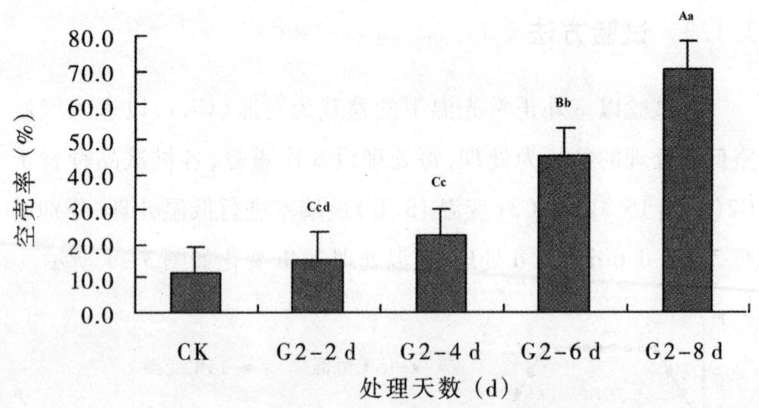

图 3－2　恒温 15 ℃对垦稻 12 号空壳率的影响

由图 3－2 可知，孕穗期恒温 15 ℃处理对垦稻 12 号空壳率具有较强影响，当处理 2 d 时，空壳率较 CK 略有上升，但经过方差分析结果可知没有显著性差异；当处理 4 d 时，空壳率较 CK 上升幅度约 1 倍，经过方差分析可知此处理与 CK 差异显著，但未达到极显著的差异水平；而当处理时间延长到 6 d 和 8 d 时，垦稻 12 号的空壳率骤然上升，经过方差分析可知这两个时间处理的空壳率与 CK 的差异达到极显著水平。整体来看，随着低温时间的延长，水稻空壳率增加幅度明显，受害程度显著加重。

3.2.2 恒温 15 ℃对空育 131 空壳率的影响

如图 3－3 所示，孕穗期恒温 15 ℃处理对空育 131 的空壳率具有一定的影响，当处理 2 d 和 4 d 时，空壳率较 CK 略有上升，但差别不大，经过方差分析可知没有显著性差异；当处理时间延长到 6 d 时，空壳率上升幅度明显，经过方差分析可知此处理与 CK 差异显著，但未达到极显著的水平；而当处理时间延长到 8 d 时，空壳率上升幅度极为明显，经过方差分析可知此处理与 CK 之间达到极显著的水平。总体而言，随着低温时间的延长，水稻空育 131 空壳率上升。

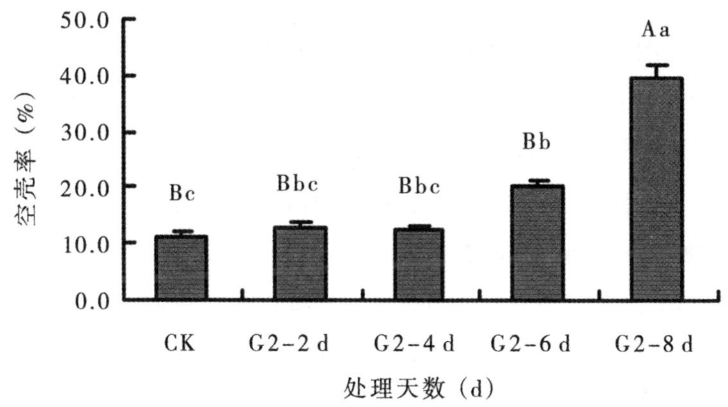

图 3－3　恒温 15 ℃对空育 131 空壳率的影响

3.2.3 恒温 15 ℃对松粳 9 号空壳率的影响

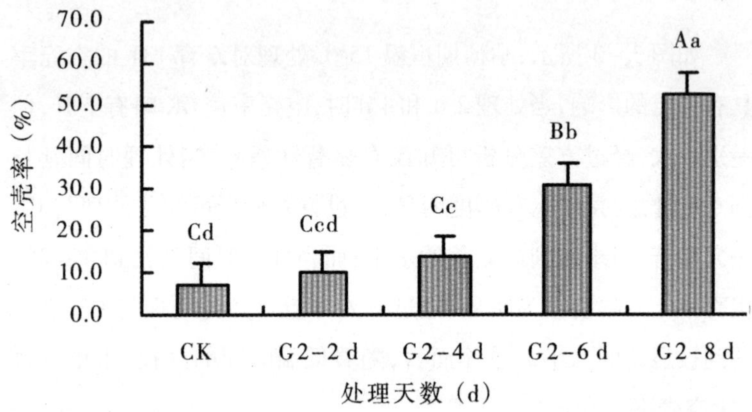

图 3-4 恒温 15 ℃对松粳 9 号空壳率的影响

由图 3-4 可知，孕穗期经过恒温 15 ℃处理后，松粳 9 号的空壳率发生了变化。处理 2 d 时，空壳率较 CK 增加了 34.26%，但经过方差分析可知差异不显著；处理 4 d 时，空壳率较 CK 增加了约 1 倍，经过方差分析可知此处理与 CK 差异显著，但未达到极显著的水平；而当处理时间延长到 6 d 和 8 d 时，空壳率急剧增加 4—7 倍，经过方差分析可知这两个时间处理的空壳率与 CK 的差异达到极显著水平。整体结果表明了低温时间越长，松粳 9 号水稻空壳率增加幅度越明显。

3.2.4 恒温 15 ℃对龙粳 11 号空壳率的影响

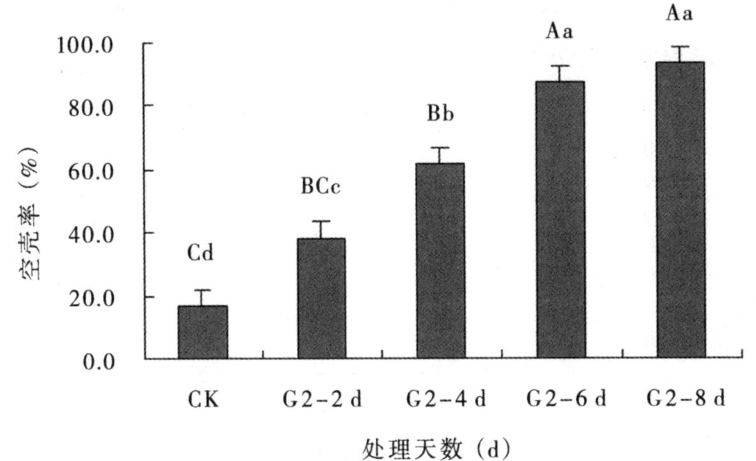

图 3-5　恒温 15 ℃对龙粳 11 号空壳率的影响

如图 3-5 所示，孕穗期恒温 15 ℃处理对龙粳 11 号的空壳率具有极强的影响。当处理 2 d 时，空壳率较 CK 增加了 124.68%，方差分析结果表明处理的空壳率显著高于 CK，但没有达到极显著的水平；当处理 4 d 时，空壳率上升到了 61.90%，经过方差分析可知此处理与 CK 差异显著，达到极显著的水平；当处理时间延长到 6 d 和 8 d 时，龙粳 11 号的空壳率迅速增加到 87.77% 和 93.82%，经过方差分析可知这两个处理的空壳率与 CK 的差异达到极显著水平。整体来看，龙粳 11 号对低温极为敏感，在孕穗期基本不具备耐冷性。

3.2.5 变温 15 ℃对垦稻 12 号空壳率的影响

由图 3-6 可知，孕穗期变温 15 ℃处理可以影响垦稻 12 号的空壳率。处理 2 d 时，空壳率与 CK 差别不大，经过方差分析可知没有显著性差异；当处理时间延长到 6 d 和 8 d 时，垦稻 12 号的空壳率上升明显，经过方差分析可知这两个时间处理的空壳率与 CK 的差异达到极显著水平。整体来看，随着低温时间的延长，垦稻 12 号水稻空壳率明显增加。

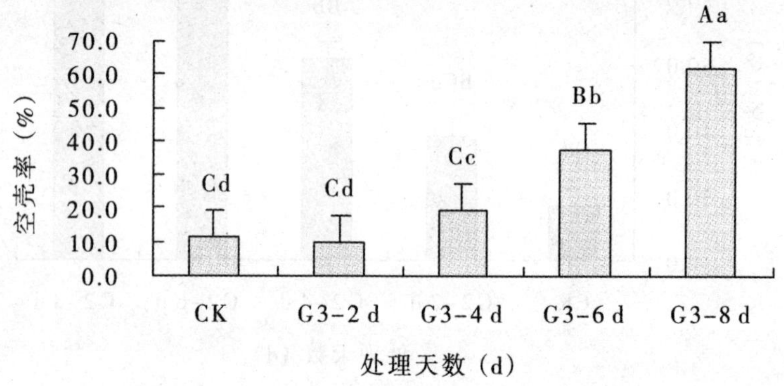

图 3－6　变温 15 ℃对垦稻 12 号空壳率的影响

3.2.6　变温 15 ℃对空育 131 空壳率的影响

孕穗期变温 15 ℃处理对空育 131 的空壳率影响如图 3－7 所示，当处理 2 d 和 4 d 时，空壳率较 CK 略有上升，经过方差分析可知没有显著性差异；当处理时间延长到 6 d 和 8 d 时，空壳率上升幅度极为明显，经过方差分析可知这两个时间处理的空壳率与 CK 之间达到极显著的差异水平，可以看出随着低温时间的延长，空育 131 水稻空壳率上升。

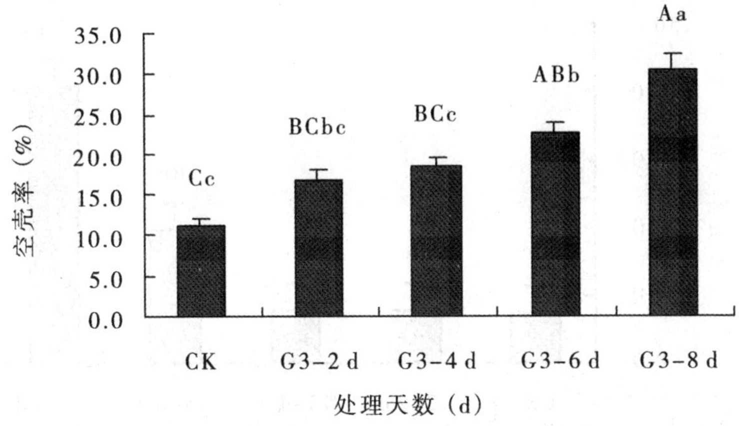

图3－7　变温15 ℃对空育131空壳率的影响

3.2.7　变温15 ℃对松粳9号空壳率的影响

由图3－8可知，孕穗期经过变温15 ℃处理后，松粳9号的空壳率发生了变化。处理2 d和4 d时，空壳率较CK相比变化不大，经过方差分析可知这两个时间处理的空壳率与CK差异不显著；而当处理时间延长到6 d和8 d时，空壳率急剧上升，经过方差分析可知这两个时间处理的空壳率与CK的差异达到极显著水平。

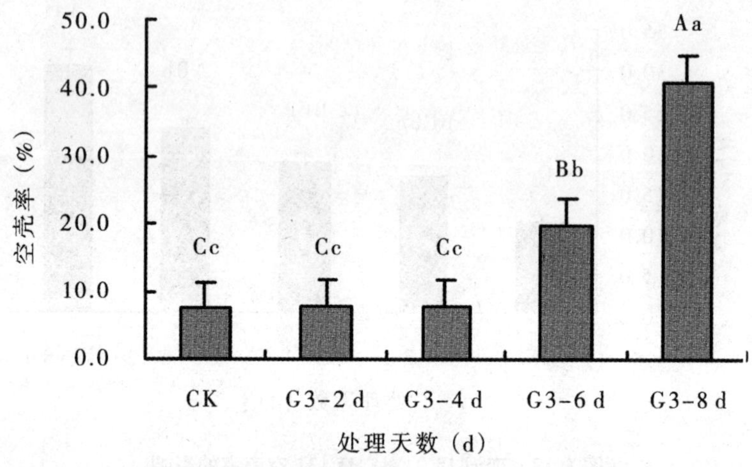

图 3-8 变温 15 ℃对松粳 9 号空壳率的影响

3.2.8 变温 15 ℃对龙粳 11 号空壳率的影响

如图 3-9 所示，孕穗期变温 15 ℃处理对龙粳 11 号的空壳率具有极强影响。当处理 2 d 时，空壳率约为 CK 的 2 倍，方差分析结果表明处理的空壳率极显著高于 CK；随着处理时间的增加，龙粳 11 号的空壳率逐渐上升，当处理 8 d 时，空壳率已经上升到 88.44%，方差分析结果表明各不同时间处理的空壳率与 CK 之间的差异均达到极显著水平。整体来看，龙粳 11 号对低温极为敏感，在孕穗期不具备耐冷性。

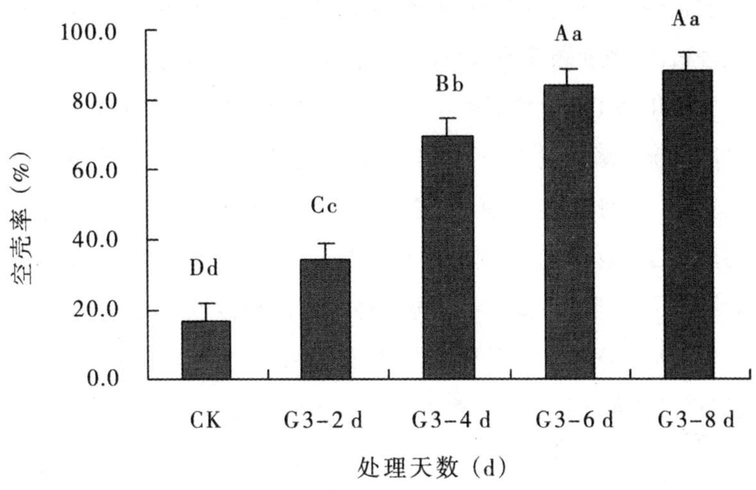

图3-9　变温15 ℃对龙粳11号空壳率的影响

3.3　讨论和结论

在恒温15 ℃和变温15 ℃的低温环境下，孕穗期低温处理时间越长，水稻空壳率越高；不同品种水稻在孕穗期内对低温的敏感程度不同，各试验品种的耐冷性高低顺序为空育131、松粳9号、垦稻12号、龙粳11号，其中龙粳11号在孕穗期基本不具备耐冷性。

水稻在生殖生长过程中，对低温比较敏感，其最敏感的时期是四分孢子体期至第一小孢子形成初期，该时期遭遇低温可以直接影响小孢子分化、发育，一般情况下可明显造成小孢子分化数量减少以及小孢子发育不良。另外，低温可使花药绒毡层细胞膨大，影响药壁向花粉的营养供给，进而影响花药开裂，使其开裂不良或无法开裂，最终导致受精率低或花粉败育，形成障碍型冷害，使水稻在生殖生长期遭受短期异常低温，破坏生殖组织、器官的生理机能，致使颖花不育，秄粒瘪空，产量降低，品质下降等。

近年来工业发展导致全球气候变暖，但黑龙江省夏季阶段性低温情况仍频繁发生，2002 年、2004 年、2006 年和 2009 年在黑龙江省的一些水稻生产地区，发生了不同程度的障碍型冷害，这说明黑龙江省区域内发生障碍型冷害具有不规律性。因此，通过试验结果进行科学分析，对不同品种水稻的耐冷性进行鉴定，结合气象预报对水稻产区品种选择进行调整，以充分合理地利用气候资源，对黑龙江省水稻高产稳产具有积极意义。

参考文献

[1] Kuroki M. , Saito K. , Matsuba S. , et al. A quantitative trait locus for cold tolerance at the booting stage on rice chromosome 8 [J]. Theoretical and Applied Genetics, 2007, 115:593 – 600.

[2] Anderson M. D. , Prasad T. K. , Martin B. A. , et al. Differential gene expression in chilling-acclimated maize seedlings and evidence for the involvement of abscisic acid in chilling tolerance [J]. Plant Physiology, 1994, 105(1): 331 – 339.

[3] Gesch R. W. , Heilman J. L. . Responses of photosynthesis and phosphorylation of the light-harvesting complex of photosystem II to chilling temperature in ecologically divergent cultivars of rice [J]. Environmental and Experimental Botany, 1999, 41: 257 – 266.

[4] Morsy M. R. , Jouve L. , Hausman J. F. , et al. Alteration of oxidative and carbohydrate metabolism under abiotic stress in two rice (*Oryza sativa* L.) genotypes contrasting in chilling tolerance

[J]. Journal of Plant Physiology, 2007, 164: 157 - 167.

[5] Chawade A., Lindén P., Brautigam M., et al. Development of a model system to identify differences in spring and winter oat [J]. Plos One, 2012, 7: e29792.

[6] Howell K. A., Narsai R., Carroll A., et al. Mapping metabolic and transcript temporal switches during germination in rice highlights specific transcription factors and the role of RNA instability in the germination process [J]. Plant Physiology, 2009, 149 (2):961 - 980.

[7] Sharifi P.. Evaluation on Sixty-eight rice germplasms in cold tolerance at germination stage [J]. Rice Science, 2010, 17(1): 77 - 81.

[8] Aghaee A., Moradi F., Zarinkamar F., et al. Physiological responses of two rice (*Oryza sativa* L.) genotypes to chilling stress at seedling stage [J]. African Journal of Biotechnology, 2011, 10 (39):7617 - 7621.

[9] Oliver S. N., Dennis E. S., Dolferus R.. ABA regulates apoplastic sugar transport and is a potential signal for cold-induced pollen sterility in rice[J]. Plant and Cell Physiology, 2007, 48 (9):1319 - 1330.

[10] Jacobs B. C., Pearson C. J.. Growth, development and yield of rice in response to cold temperature[J]. Journal of Agronomy and Crop Science, 1999, 182:79 - 88.

[11] Zhang S., Jiang H., Peng S., et al. Sex-related differences in morphological, physiological, and ultrastructural responses of *Populus cathayana* to chilling [J]. Journal of Experimental

Botany, 2011,62(2):675 – 686.

[12] Oda S., Kaneko F., Yano K., et al. Morphologicaland gene expression analysis under cool temperature conditions in rice anther development[J]. Genes and Genetic Systems, 2010, 85: 107 – 120.

[13] Mittal D., Madhyastha D. A., Grover A.. Genome-wide transcriptional profiles during temperature and oxidative stress reveal coordinated expression patterns and overlapping regulons in rice [J]. Plos One, 2012, 7: e40899.

[14] Yun K. Y., Park M. R., Mohanty B., et al. Transcriptional regulatory network triggered by oxidative signals configures the early response mechanisms of japonica rice to chilling stress [J]. BMC Plant Biology, 2010, 10: 16.

第4章　孕穗期低温对寒地粳稻结实率及叶片生理指标的影响

我国东北地区夏季会频繁发生突发性低温，这对水稻的生理状态可产生直接或间接的影响，并可干扰其所有生理机能。低温达到一定强度就会发生冷害，这是我国东北地区水稻生产中一个较为普遍的问题。

国内外关于低温对水稻结实率和生理特性的影响已有报道。赵国珍等指出冷胁迫可使水稻结实率显著降低，造成不同程度的减产，但不同品种间存在较大差异。刘献刚等认为低温诱发稻瘟病是大减产的主要影响因素，但更多学者指出低温通过影响花粉育性等使水稻产量降低。李健陵等指出孕穗期低温导致颖花受精率和可育率下降，结实率降低。李忠杰等的研究也指出在小孢子阶段不同程度的低温可提高水稻的空壳率，从而降低产量，究其原因主要是因为低温对花粉活性产生影响。李全英等报道了孕穗期低温胁迫使花粉的长度和体积下降，导致水稻结实率下降。李桂艳等认为障碍型冷害，特别是对低温抵抗能力最弱的花粉母细胞减数分裂期遭受的短时间异常相对低温，使花期的生理机制受到破坏，造成颖花不育，形成大量空壳而严重减产；这与叶昌荣等的研究结果相似，其指出水稻孕穗期受低温冷害后，花药缩小，花药内可育花粉数减少，不育花粉数增多，结实率下降，其中花药内的可育花粉数对水稻的结实率起着决定性作用。曲辉辉等也指出孕穗期低温会影响稻穗发育,连续低温会导致花粉母细胞发育受阻,颖花退化,出现空瘪粒。另外关于低温胁迫对水稻叶片生理特性的影响也有报道,施大伟等通过研究指出,抽穗期低温导致水稻抗氧化酶的活性发生变化,使活性氧的产生和清除失衡,膜脂过氧化加剧,使细胞膜发生损害。邓化冰等指出,低温胁迫后耐冷水稻品种的 H_2O_2 和 MDA 含量显著低于冷敏品种,这可能与耐冷品种在低温胁迫期间的保护酶类活性显著高于冷敏品种,其活性氧的产生和清除相对较为均衡有关。另外邓化冰等也报道过低温胁迫可导致水稻叶片 H_2O_2 含量迅速上升,SOD、POD 和 CAT 的活性出现了先上升后下降的变化;张献国等也报道了孕穗期低温处理后,水稻叶片 SOD、POD 和 CAT 的活性出现先上升后下降的趋势;刘涛等通过研究指出,低温胁迫可导致水稻叶片 SOD、POD 活性均出现一定程度的提高;祝涛等也指出,低温胁迫下水稻苗期叶片的 SOD、POD 活性有所提高;朱珊等的研究表明孕穗期低温导致水稻叶片中 SOD、POD 和 CAT 的活性增加,而且相对电导率升高;蒋向辉等的研究指出相对电导率与结实率呈显著负相关,而王秋京等的研究证实了该结果,其指出低温使得水稻幼苗叶片的电导率增加,结实率下降;李海林等也报道过低温胁迫后水稻幼苗叶片电导率增加;王晨光等曾指出低温使水稻叶片细胞膜透性增大,电解质渗出率增加。

本章内容是在前人研究的基础上,于孕穗期对水稻进行低温处理,开展低温胁迫对水稻叶片生理指标及结实率影响的研究;目的是探明孕穗期低温胁迫对水稻的伤害机理,以期丰富水稻耐障碍型冷害的生理基础原理研究,为水稻优质生产提供理论依据。

4.1 材料与方法

4.1.1 试验材料

试验于2013年在黑龙江省农业科学院人工气候室盆栽场进行。供试水稻品种为龙粳11号(LJ 11),孕穗期冷敏品种;龙稻5号(LD 5),孕穗期耐冷品种。试验材料采用盆栽方式,单本栽插,每盆保苗3株,于孕穗期进行低温处理。龙粳11号和龙稻5号进行处理的时间分别是7月8日和7月6日。

4.1.2 试验设计与处理

处理前选择叶枕距在-6—-1 cm之间的蘖进行挂签标记,处理温度设定为15 ℃,于处理当日上午8:00开始置人工气候室内进行低温处理,文中以TR表示;以室外盆栽为对照,文中以CK表示。

4.1.3 试验方法

4.1.3.1 取样方法

处理期间,每天上午8:00取样一次,即对标记蘖的叶片进行取样,取样后立即放入液氮中,而后置于-80 ℃冰箱中保存,供测定生理指标使用。

低温处理后每天移至室外9盆盆栽,直至成熟,供结实率调查使用。

4.1.3.2 测定方法

(1)结实率采用人工调查法测定;

(2)SOD、POD、CAT 的酶活性及 MDA、可溶性糖、可溶性蛋白含量采用植物生理生化试验技术进行测定;
(3)相对电导率采用作物生理研究法进行测定。

4.1.4 数据处理

试验所有数据处理采用 Excel 2003 和 SPSS 19.0 进行统计分析。

4.2 结果与分析

4.2.1 孕穗期低温对水稻结实率的影响

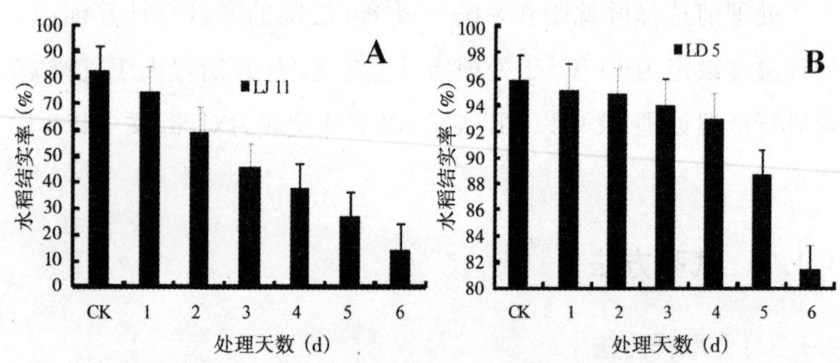

图 4-1 孕穗期低温对水稻结实率的影响

由图 4-1 可知,随着低温处理时间的持续,水稻结实率逐渐降低,龙稻 5 号下降的幅度较小,而龙粳 11 号的结实率下降明显。图 4-1(A)表明,与 CK 相比,龙粳 11 号经过低温处理后,结实率下降幅度较大,经方差分析可知,低温处理 1 d 和 2 d 后结实率显著下降,但未达到极显著水平;当低温处理 3 d 后,结实率与 CK 之间达到极显著水平;处理 6 d 时龙粳 11 号的结实率下降到

14.58%，与CK相比降低了67.93%。图4-1(B)表明，与CK相比，龙稻5号经过低温处理后，结实率下降幅度相对较小，经方差分析可知，低温处理4 d内其结实率下降幅度很小，差异未达到显著水平；当低温处理5 d后，结实率与CK之间达到显著水平；处理6 d后结实率与CK之间达到了极显著水平。

4.2.2 孕穗期低温对水稻叶片膜透性的影响

4.2.2.1 孕穗期低温对水稻叶片MDA含量的影响

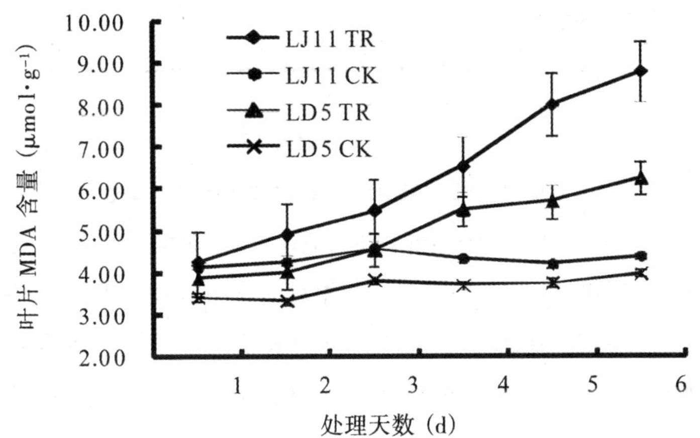

图4-2 孕穗期低温对水稻叶片MDA含量的影响

由图4-2可知，低温处理对水稻叶片内MDA含量具有较大的影响，随着低温处理时间持续，影响程度加深。龙粳11号处理2 d后MDA含量就极显著高于CK，直到取样末期。龙稻5号处理2 d后MDA含量显著高于CK，处理3 d后，两者之间的差异达到极显著水平。同时可以看出龙稻5号叶片内MDA含量低于龙粳11号，说明低温处理后，耐冷品种比冷敏品种的MDA含量上升速度慢，这对水稻抵御冷害具有较好的效果。

4.2.2.2 孕穗期低温对水稻叶片相对电导率的影响

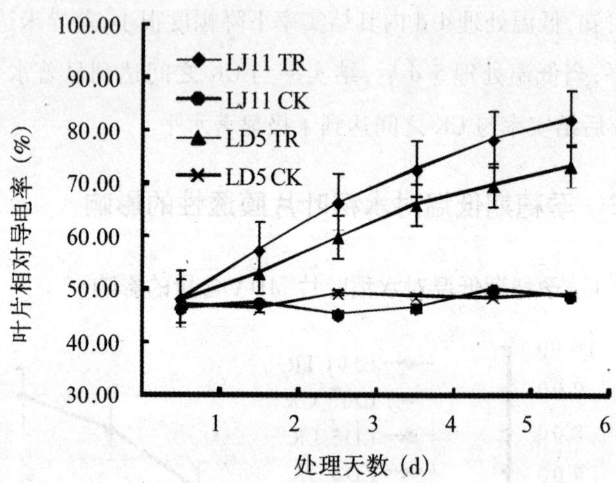

图 4-3 孕穗期低温对水稻叶片相对电导率的影响

如图 4-3 所示，低温处理对水稻叶片相对电导率具有明显的影响。龙粳 11 号处理 2 d 后其相对电导率就极显著高于 CK。龙稻 5 号则需要低温处理 4 d 后，和 CK 之间的差异才能达到极显著水平。综合来看冷敏品种叶片的相对电导率高于耐冷品种。

4.2.3 孕穗期低温对水稻叶片抗氧化系统酶活性的影响

4.2.3.1 孕穗期低温对水稻叶片 SOD 活性的影响

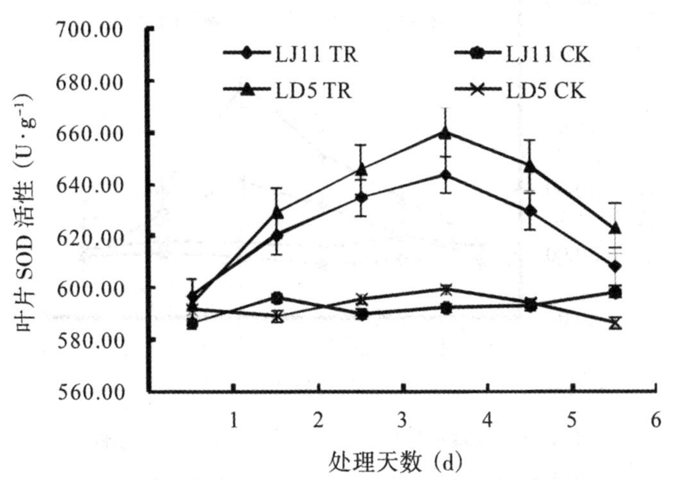

图 4-4 孕穗期低温对水稻叶片 SOD 活性的影响

由图 4-4 可知，经过低温处理后，水稻叶片内的 SOD 活性表现出先升高后降低的变化规律，龙粳 11 号和龙稻 5 号都是在处理 4 d 时活性达到最高。龙粳 11 号在低温处理 2 d 至 5 d 时，SOD 活性显著或极显著高于 CK，处理 6 d 时，两者之间没有显著性差异。龙稻 5 号经低温处理 2 d 至 6 d 时，与 CK 之间的差异达到极显著水平。

4.2.3.2 孕穗期低温对水稻叶片 POD 活性的影响

由图 4-5 可知，经过低温处理后，水稻叶片内的 POD 活性表现出先升高后降低的趋势，龙粳 11 号和龙稻 5 号都是在处理 4 d 时活性达到最高。龙粳 11 号在经低温处理 2 d 至 4 d 时，其 POD 活性极显著高于 CK，而 1 d 和 5 d 时无显著性差异。龙稻 5 号经低温处理 2—4 d 时,其 POD 活性极显著高于 CK,其他处理日期无显著性差异。

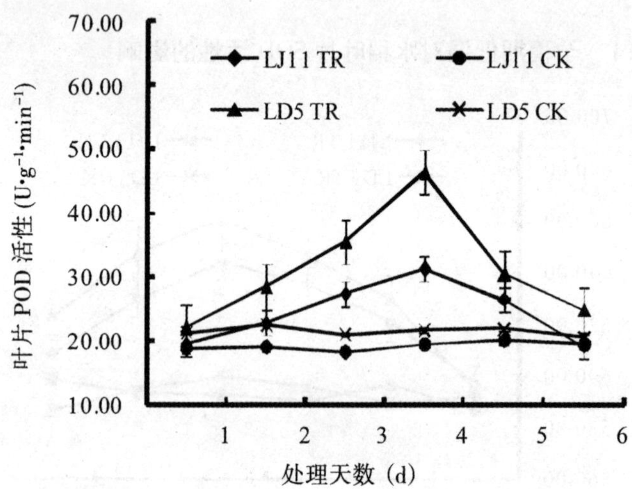

图 4-5　孕穗期低温对水稻叶片 POD 活性的影响

4.2.3.3　孕穗期低温对水稻叶片 CAT 活性的影响

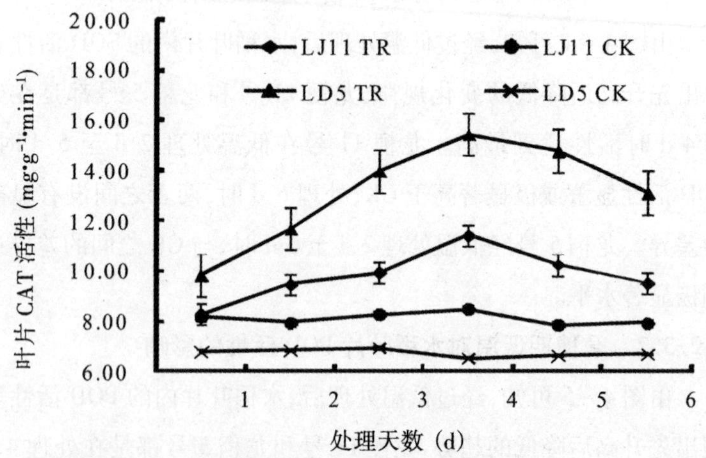

图 4-6　孕穗期低温对水稻叶片 CAT 活性的影响

由图 4-6 可知,经过低温处理后,水稻叶片内的 CAT 活性表现出先升高后降低的变化趋势。龙粳11号经低温处理2 d至5 d时,其CAT活性极显著高于CK,而1 d和6 d时无显著性差异。低温处理对龙稻5号叶片的CAT活性影响明显,整个处理期间,其CAT活性都显著或极显著高于CK。

4.2.4 孕穗期低温对水稻叶片可溶性物质含量的影响

4.2.4.1 孕穗期低温对水稻叶片可溶性糖含量的影响

由图4-7可知,低温处理对水稻叶片内可溶性糖的含量具有较大影响,随着低温处理时间的持续,影响程度加大。龙粳11号在处理2 d之内,与CK的可溶性糖含量无显著性差异,从处理3 d开始,其可溶性糖含量就显著高于CK,到了处理5 d和6 d时,与CK之间的可溶性糖含量差异达到极显著水平。龙稻5号在低温处理2 d内,与CK的可溶性糖含量无显著性差异,从处理3 d开始,其可溶性糖含量极显著高于CK,直到取样末期。

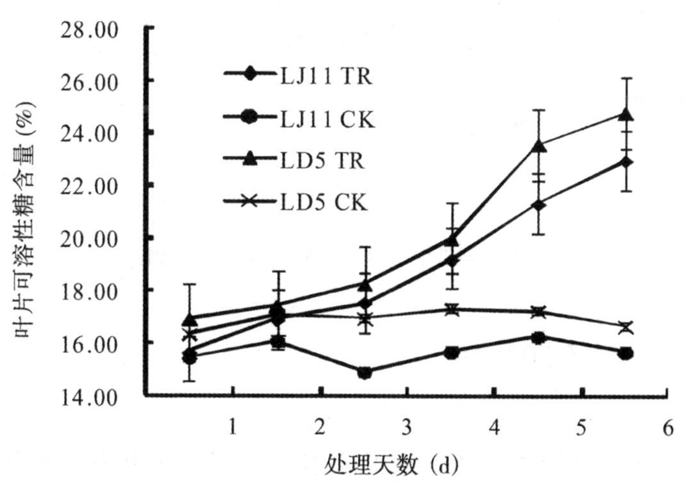

图4-7 孕穗期低温对水稻叶片可溶性糖含量的影响

4.2.4.2 孕穗期低温对水稻叶片可溶性蛋白含量的影响

由图 4－8 可知，低温处理对水稻叶片内可溶性蛋白含量的影响较大。随着低温处理的时间持续，影响程度加大。龙粳 11 号在低温处理 1 d 后，其可溶性蛋白含量就显著高于 CK，从处理 4 d 开始，其可溶性蛋白含量与 CK 之间的差异达到极显著水平。龙稻 5 号在低温处理 2 d 内，其与 CK 的可溶性蛋白含量无显著性差异，从处理 3 d 开始，其与 CK 的可溶性蛋白含量差异达到极显著水平。

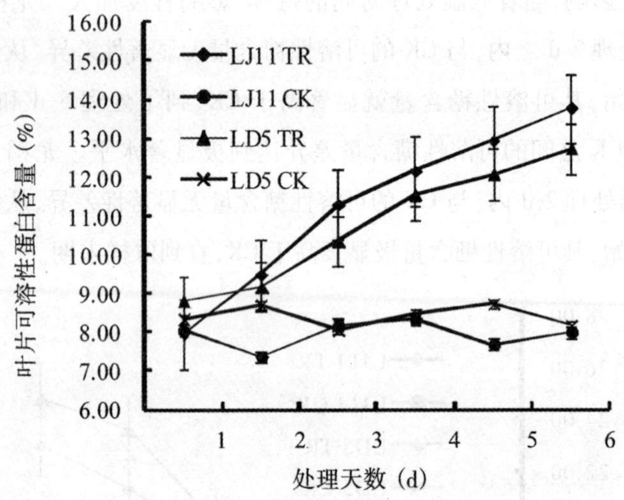

图 4－8 孕穗期低温对水稻叶片可溶性蛋白含量的影响

4.3 讨论和结论

温度可以影响水稻的生长发育，如果水稻在生育期遭受低温，会导致体内大量基因发生重组，引起一系列的代谢变化，孕穗期低温能够引起花粉不育，最终导致结实率下降，造成水稻减产。

本研究表明,低温对龙稻5号和龙粳11号都会产生影响,但损害程度不同。龙稻5号在处理较长时间(5 d)的情况下,结实率才发生显著下降,而龙粳11号经短时间(1 d)低温处理后,结实率就发生极显著下降,并随着处理时间的延续,结实率下降幅度加大,这与曾宪国等的研究结果基本一致,说明孕穗期低温可降低水稻结实率,对水稻产量造成影响。究其原因,与低温影响花粉形成、花粉活力有较大关系。邓化冰等研究指出,水稻小孢子形成初期遭遇低温,可导致花药绒毡层异常肥大,引起细胞功能降低和紊乱,花药不能供给花粉足够养分,使得花粉发育延迟,花药开裂不畅,影响受精结实。另外低温使水稻代谢过程遭到破坏,降低了花粉的生活力和可育性,使花粉萌发率降低,不育花粉率增加,从而导致结实率下降。

正常条件下,作物体内的SOD、POD和CAT三者协同作用,使氧自由基维持在较低的水平,从而防止受到伤害,保护作物正常生长。在低温条件下,作物体内活性氧自由基含量明显增加,如果抗氧化酶活性受到抑制,过剩的自由基将无法及时得到清除,氧自由基就会在细胞内大量积累,对作物产生严重伤害。低温使水稻叶片内的抗氧化酶活性先升高后降低,这表明在低温初期,水稻感受到低温刺激后,启动了自我保护功能,对低温胁迫产生了应激反应进而提高了抗氧化酶的活性,清除产生的过多的氧自由基,起到保护作用;但随着低温处理的持续,水稻的自我保护能力殆尽,抗氧化酶活性开始下降,低温对水稻产生的伤害开始逐步加重。

MDA是细胞膜过氧化的产物,能够抑制细胞保护酶的活性,从而加剧膜脂过氧化,同时其本身也是具有细胞毒性的物质,它能够和酶蛋白结合、交联,从而使保护酶失去活性,也就进一步破坏了膜结构，MDA 含量的高低可作为质膜受损程度的重要指标。相对电导率是评价细胞膜透性的有效指标，在低温胁迫下，质膜的结构和功能受到伤害，导致细胞膜透性增加，电解质外渗，电导率增加，因此电导率能够比较客观地反映植物在低温逆境中的伤害程度。本研究结果表明随着低温处理的持续，水稻叶片内的 MDA 含量和相对电导率都呈线性升高，并且冷敏品种的数值高于耐冷品种，这与李海林、邓化冰等的研究结果相似，邓化冰等也指出低温能够导致水稻叶片 MDA 含量和相对电导率显著增加，说明低温降低了植物体防御活性氧的酶促和非酶促保护系统能力，提高了自由基浓度，加剧了膜脂氧化，导致膜结构破坏，质膜透性加大，电解质外渗，从而影响了叶片的生理生化机能；同时也说明耐冷品种能够保持相对较低的 MDA 含量，使膜结构及功能保持相对稳定，从而减轻了低温对叶片的伤害。

可溶性糖等可溶性物质在水稻遭遇低温时会发生明显的变化，是反映水稻冷害的敏感指标，而这种变化与水稻抗冷性有明显的相关性。相关研究表明，抗寒性强的植物体内可溶性糖含量也相对较高，低温胁迫下可溶性糖和可溶性蛋白在植物体内会大量积累，可溶性糖通过某些糖代谢途径形成保护性物质，提高植物抵抗低温的能力。本研究结果表明随着低温处理的持续，水稻叶片内的可溶性糖和可溶性蛋白含量均随之升高，说明水稻能够通过提高体内可溶性物质的含量来提高自身的抗逆能力，但不同的品种之间具有一定的差异，这可能与品种之间的抗逆性不同有一定关联，至于其分子水平的原理有待于进一步研究。

参考文献

[1] 赵国珍, YANG Sea-jun, YEA Jong-doo, 等. 冷水胁迫对云南粳稻育成品种农艺性状的影响[J]. 云南农业大学学报(自然科学版), 2010,25(2): 158－165.

[2] 项洪涛, 王彤彤, 郑殿峰, 等. 孕穗期低温条件下ABA对水稻结实率及叶片生理特性的影响[J]. 中国农学通报, 2016, 32(36):16－23.

[3] 项洪涛, 王立志, 王彤彤,等. 孕穗期低温胁迫对水稻结实率及叶片生理特性的影响[J]. 农学学报, 2016, 32(11): 1－7.

[4] 刘献刚. 低温冷害对水稻产量的影响及应对措施[J]. 现代农业科技, 2013,(1): 69－70.

[5] 李健陵, 霍治国, 吴丽姬, 等. 孕穗期低温对水稻产量的影响及其生理机制[J]. 中国水稻科学, 2014, 28(3): 277－288.

[6] 李忠杰, 王春艳, 王连敏, 等. 低温冷害对黑龙江省不同水稻品种产量的影响及防御措施[J]. 黑龙江农业科学, 2007, (4): 17－19.

[7] 李全英, 李海波. 孕穗期低温胁迫对北方杂交粳稻颖花结实的影响[J]. 作物杂志, 2011,(1): 71－73.

[8] 李桂艳. 低温冷害对水稻生育及产量的影响及预防措施[J]. 农业科技通讯, 2010,12:164－165.

[9] 叶昌荣, 戴陆园, 王建军, 等. 低温冷害影响水稻结实率的要因分析[J]. 西南农业大学学报, 2000,22(4):307－309.

[10] 曲辉辉, 姜丽霞, 朱海霞, 等. 孕穗期低温对黑龙江省主栽水稻品种空壳率的影响[J]. 生态学杂志, 2011,30(3):

489 - 493.

[11] 施大伟, 张成军, 陈国祥, 等. 低温对高产杂交稻抽穗期剑叶光合色素含量和抗氧化酶活性的影响[J]. 生态与农村环境学报, 2006,22(2): 40 - 44.

[12] 邓化冰, 王天顺, 肖应辉, 等. 低温对开花期水稻颖花保护酶活性和过氧化物积累的影响[J]. 华北农学报, 2015,25(S2): 62 - 67.

[13] 邓化冰, 史建成, 肖应辉, 等. 开花期低温胁迫对水稻剑叶保护酶活性和膜透性的影响[J]. 湖南农业大学学报(自然科学版), 2011,37 (6): 581 - 585.

[14] 张献国, 陈书强, 薛菁芳, 等. 孕穗期低温对寒地水稻叶片保护酶活性的影响[J]. 中国稻米, 2015,21(4): 77 - 80.

[15] 刘涛, 何霞红, 李成云, 等. 不同低温处理对元阳梯田传统水稻品种孕穗期保护酶活性的影响[J]. 分子植物育种, 2014,12(3):525 - 529.

[16] 祝涛, 杨美英. 低温处理对不同品种水稻苗期保护酶活性的影响[J]. 吉林农业, 2010,(7): 89.

[17] 朱珊, 熊宏亮, 黄仁良, 等. 低温胁迫对水稻生理指标的影响[J]. 江西农业学报, 2013,25(7): 10 - 12.

[18] 蒋向辉, 余显权, 赵福胜, 等. 苗期特耐冷贵州地方水稻品种孕穗期耐冷性研究[J]. 山地农业生物学报, 2004,23(4): 288 - 292.

[19] 王秋京. 低温对水稻秧苗电导率及可溶性糖含量的影响[J]. 黑龙江气象, 2011,28(4): 25 - 26.

[20] 李海林, 殷绪明, 龙小军. 低温胁迫对水稻幼苗抗寒性生理生化指标的影响[J]. 安徽农学通报, 2006,12(11):

50 – 53.

[21] 王晨光，王希，苍晶，等. 低温胁迫对水稻幼苗抗冷性的影响[J]. 东北农业大学学报，2004,35(2)：129 – 134.

[22] 李合生，孙群，赵世杰，等. 植物生理生化实验原理和技术[M]. 北京：高等教育出版社，2000.

[23] 张宪政. 作物生理研究法[M]. 北京：农业出版社，1992.

[24] 夏楠，赵宏伟，吕艳超，等. 灌浆结实期冷水胁迫对寒地粳稻籽粒淀粉积累及相关酶活性的影响[J]. 中国水稻科学，2016,30(1)：62 – 74.

[25] 曾宪国，项洪涛，王立志，等. 孕穗期不同低温对水稻空壳率的影响[J]. 黑龙江农业科学，2014(6)：19 – 21.

[26] 邓化冰，车芳璐，肖应辉，等. 开花期低温胁迫对水稻花粉性状及剑叶理化特性的影响[J]. 应用生态学报，2011,22(1)：66 – 72.

[27] 张桂莲，张顺堂，肖浪涛，等. 抽穗开花期高温胁迫对水稻花药、花粉粒及柱头生理特性的影响[J]. 中国水稻科学，2014,28(2)：155 – 166.

[28] 潘沁红，沈波. 苗期低温锻炼对水稻叶片生理性状的影响[J]. 杭州师范学院学报(自然科学版)，2005,4(1)：43 – 45.

[29] 刘祖祺，张石城. 植物抗性生理学[M]. 北京：中国农业出版社，1994.

[30] Renata P. C., Raul A. S., Denise C. Avoiding damage and achieving cold tolerance in rice plants[J]. Food and Energy Security, 2013, 2(2):96 – 119.

[31] Cheng C., Yun K. Y., Ressom H., et al. An early response

regulatory cluster induced by low temperature and hydrogen peroxide in seedlings of chilling-tolerant japonica rice [J]. BMC Genomics, 2007, 8:175.

[32] Oliver S. N. , Dennis E. S. , Dolferus R. . ABA regulates apoplastic sugar transport and is a potential signal for cold-induced pollen sterility in rice [J]. Plant and Cell Physiology, 2007,48(9):1319 -1330.

[33] Morsy M. R. , Jouve L. , Hausman J. F. , et al. Alteration of oxidative and carbohydrate metabolism under abiotic stress in two rice (*Oryza sativa* L.) genotypes contrasting in chilling tolerance[J]. Journal of Plant Physiology, 2007,164:157 -167.

[34] Oda S. , Kaneko F. , Yano K. , et al. Morphologicaland gene expression analysis under cool temperature conditions in rice anther development [J]. Genes and Genetic Systems, 2010, 85: 107 - 120.

第5章　开花期低温对寒地粳稻结实率及叶鞘生理指标的影响

水稻受低温危害是一个极其复杂的理化进程，水稻抵御冷害亦是多系统协调参与的理化反应过程，它受水稻品种本身遗传特性的影响，同时也受环境制约。耐冷性强的水稻与冷敏感水稻相比，具有相对较高的低温忍受性和适应性。低温发生时，植物细胞的结构和细胞内各物质将发生一系列形态和生理生化等方面的适应性变化，以维持其正常生长。低温对水稻生产最大的影响就是使其产量降低，主要原因是花药缩小，花药内不育花粉数量增加，结实率下降，进而影响水稻产量。近年来，一些学者对水稻障碍型冷害开展了相关研究，指出水稻对低温的应答主要体现在细胞膜系统受到不可逆的损害、渗透调节物质含量升高、保护酶系统发生变化等。施大伟等指出水稻抽穗期低温可导致活性氧的产生和清除失衡，氧离子迅速积累，膜脂过氧化加剧，细胞膜发生损伤。邓化冰等指出耐冷水稻品种的 H_2O_2 和 MDA 含量显著低于冷敏品种，这可能与耐冷品种活性氧的产生和清除相对较为均衡有关。项洪涛等指出在一定时间内，低温能够使 SOD、POD 等保护酶活性得到提高；其研究也表明低温可促进水稻可溶性物质含量的增加。目前关于水稻障碍型冷害的研究多数集中在其孕穗期，开花期低温的相关研究较少，尤其是开花期低温导致叶鞘生理机能变化的研究更少。

本章是在开花期对水稻进行低温处理,开展低温胁迫对水稻叶鞘生理特性影响的研究,以期丰富水稻耐障碍型冷害研究的生理基础,为水稻耐冷育种、高产优产提供理论依据。

5.1 材料与方法

5.1.1 试验材料与设计

试验于黑龙江省寒地作物生理生态重点实验室进行。供试水稻品种为冷敏品种龙粳 11 号(LJ 11)和耐冷品种龙稻 5 号(LD 5),由黑龙江省农科院耕作栽培研究所作物生理室提供。试验材料采用盆栽方式,单本栽插,每盆保苗 3 株。在开花期进行低温处理,处理温度为恒定 15 ℃。进行低温处理时,对正在开花的稻穗进行挂签标记,随即进入人工气候室内进行低温处理,持续时间分别是 1 d、2 d、3 d、4 d、5 d。以气候室内低温条件下生长的水稻盆栽植株为处理(文中以 TR 表示),以室外正常条件下生长的水稻盆栽植株为对照(文中以 CK 表示)。

5.1.2 测定项目与方法

5.1.2.1 取样方法

处理期间,取样 5 次,每天上午 10:30 取样 1 次,对挂签标记稻穗的剑叶叶鞘进行取样,取样后迅速置于液氮中,之后放在 -80 ℃冰箱中保存,供生理指标测定使用。低温处理后每天移至室外 12 盆盆栽,直至成熟,供结实率调查使用。

5.1.2.2 测定方法

取有代表性的挂签标记稻穗的颖花 6 朵，每个颖花取 3 个花药，将花药用碘－碘化钾溶液染色后，观察染色情况，计算花粉活力；结实率采用人工调查法测定；SOD、POD、CAT 的酶活性及 MDA 含量采用植物生理生化试验技术进行测定；可溶性蛋白含量采用考马斯亮蓝 G－250 染色法进行测定；可溶性糖含量采用硫酸蒽酮比色法进行测定；脯氨酸含量采用茚三酮比色法进行测定；相对电导率采用作物生理研究法进行测定。

5.1.3 数据处理

试验所有数据处理采用 Excel 2003 和 SPSS 19.0 进行统计分析。

5.2 结果与分析

5.2.1 开花期低温对水稻生殖生长的影响

5.2.1.1 开花期低温对水稻花粉活力的影响

由表 5－1 可知，开花期低温处理后，水稻的花粉活力发生明显变化。处理 1 d 时，LJ 11 和 LD 5 的花粉活力变化不显著；从处理 2 d 开始，供试的 2 个水稻品种花粉活力都显著降低，方差分析结果表明差异达到极显著水平。

表 5-1 开花期低温对水稻花粉活力的影响 (%)

材料	处理	1 d	2 d	3 d	4 d	5 d
LJ11	TR	91.90 ±1.42Aa	77.65 ±1.93Bb	61.19 ±2.66Bb	50.51 ±2.49Bb	36.76 ±0.85Bb
	CK	92.88 ±0.84Aa	92.54 ±1.59Aa	92.42 ±0.82Aa	92.99 ±1.99Aa	92.70 ±1.52Aa
LD5	TR	98.08 ±0.58Aa	89.95 ±1.23Bb	82.44 ±2.50Bb	79.36 ±2.17Bb	73.62 ±0.64Bb
	CK	97.88 ±0.61Aa	98.00 ±1.26Aa	97.33 ±1.10Aa	97.10 ±0.26Aa	98.21 ±0.24Aa

注:平均数后的误差为标准差。采用新复极差法进行多重比较,小写字母表示0.05 显著水平,大写字母表示0.01 显著水平,下同。

5.2.1.2 开花期低温对水稻结实率的影响

由表5-2 可知,开花期低温处理对水稻结实率的影响因水稻的耐冷性不同而存在差异。冷敏品种 LJ 11 处理 1 d 后,结实率即发生极显著降低,处理 5 d 时,其结实率下降近一半。耐冷品种 LD 5 经低温处理 2 d 内,其结实率变化不显著;处理 3 d 时结实率显著降低;从处理 4 d 开始,结实率极显著降低。

表 5-2 开花期低温对水稻结实率的影响 (%)

材料	处理	1 d	2 d	3 d	4 d	5 d
LJ11	TR	60.04 ±0.26Bb	51.69 ±1.41Bb	47.72 ±2.05Bb	40.05 ±0.92Bb	31.77 ±0.83Bb
	CK	63.12 ±1.15Aa	63.12 ±1.15Aa	63.12 ±1.15Aa	63.12 ±1.15Aa	63.12 ±1.15Aa
LD5	TR	99.93 ±0.02Aa	99.93 ±0.01Aa	99.90 ±0.01Ab	99.81 ±0.01Bb	99.77 ±0.04 Bb
	CK	99.96 ±0.02Aa	99.96 ±0.02Aa	99.96 ±0.02Aa	99.96 ±0.02Aa	99.96 ±0.02Aa

5.2.2 开花期低温对水稻叶鞘膜透性的影响

5.2.2.1 开花期低温对水稻叶鞘 MDA 含量的影响

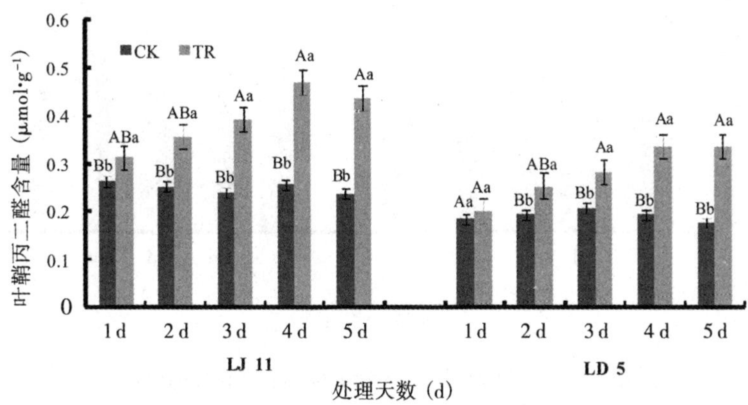

图 5－1 开花期低温对水稻叶鞘 MDA 含量的影响

由图 5－1 可知，开花期低温处理后，水稻叶鞘内的 MDA 含量变化较大，随着处理时间变长，MDA 的含量随之增高，同时可以看出耐冷品种 LD 5 的 MDA 含量低于冷敏品种 LJ 11。LJ 11 的 MDA 含量呈先增加后降低的变化趋势，处理 4 d 时含量最高；方差分析结果表明处理 2 d 之内，MDA 含量显著提高，处理 3 d 开始 MDA 含量极显著提高。LD 5 的 MDA 含量整体呈增加的趋势，方差分析结果表明，处理 2 d 时 MDA 含量显著增加，从处理 3 d 开始，MDA 含量极显著增加。

5.2.2.2 开花期低温对水稻叶鞘脯氨酸含量的影响

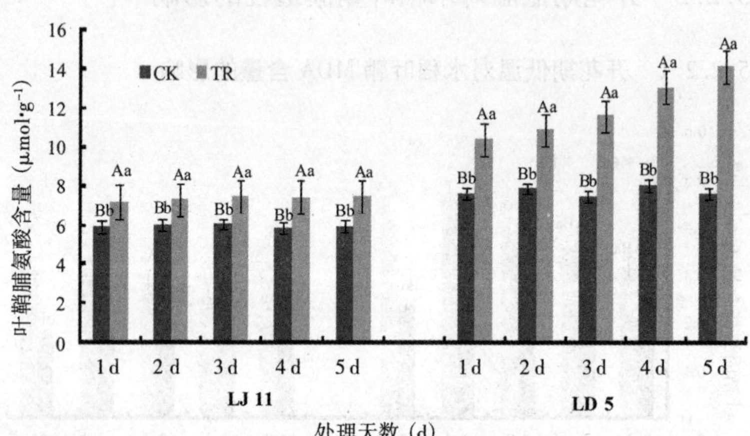

图 5－2 开花期低温对水稻叶鞘脯氨酸含量的影响

由图 5－2 可知，低温处理能够影响水稻叶鞘中脯氨酸的含量，且不同品种间差异较大。耐冷品种 LD 5 的脯氨酸含量高于冷敏品种 LJ 11，同时其变化幅度也高于 LJ 11。方差分析结果表明，低温处理 1 d 开始，水稻叶鞘中脯氨酸含量就极显著增加，但 LJ 11 上升幅度较小，处理 5 d 与处理 1 d 相比较，其脯氨酸含量仅提高 3.99%，而 LD 5 的脯氨酸含量提高了 35.76%。

5.2.2.3 开花期低温对水稻叶鞘相对电导率的影响

从图 5－3 可以看出，低温能够提高水稻叶鞘相对电导率，并且冷敏品种的变化幅度高于耐冷品种。经过方差分析可知，低温处理 1 d 后，2 个水稻品种叶鞘相对电导率都极显著增加。随着低温处理时间的持续，冷敏品种 LJ 11 的相对电导率迅速升高，处理 5 d 与处理 1 d 相比较，其相对电导率提高了 20.22%，而耐冷品种 LD 5 的相对电导率仅提高了 5.42%。整体来看，耐冷品种的相对电导率变化低于冷敏品种。

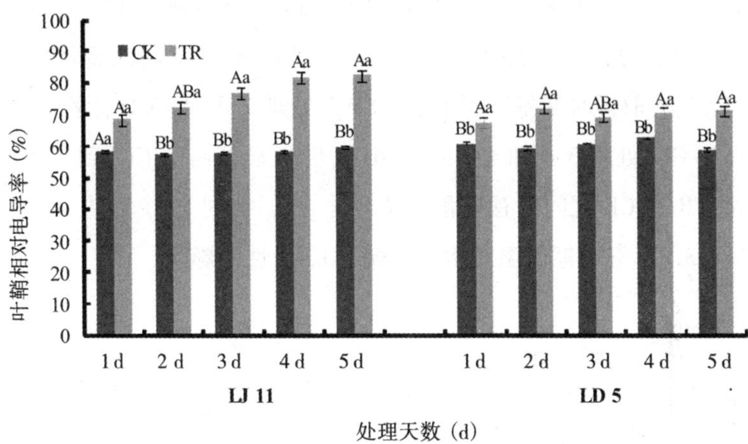

图 5－3　开花期低温对水稻叶鞘相对电导率的影响

5.2.3　开花期低温对水稻叶鞘抗氧化系统酶活性的影响

5.2.3.1　开花期低温对水稻叶鞘 SOD 活性的影响

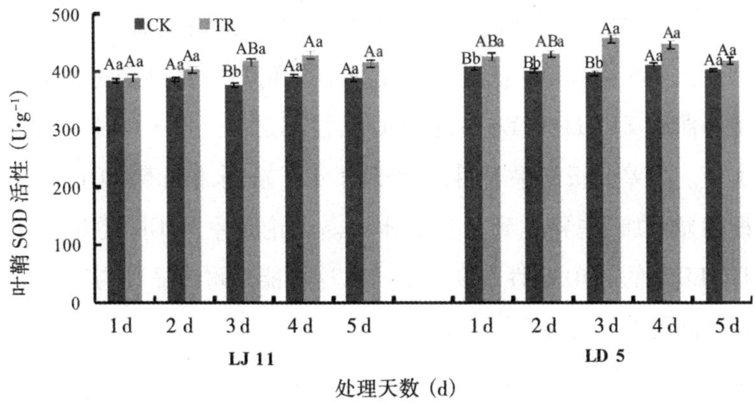

图 5－4　开花期低温对水稻叶鞘 SOD 活性的影响

由图 5－4 可知，经低温处理后，水稻叶鞘的 SOD 活性先升高后降低，LJ 11 在处理 4 d 时达到最高，LD 5 在处理 3 d 时达到最高。方差分析结果表明，LJ 11 在处理 3 d 时，SOD 活性显著高于 CK，其他取样时期差异不显著；LD 5 处理 2 d 内，SOD 活性显著高于 CK，处理 3 d 和 4 d 时，SOD 活性极显著高于 CK，到了 5 d 时，TR 和 CK 之间没有显著差异。

5.2.3.2 开花期低温对水稻叶鞘 POD 活性的影响

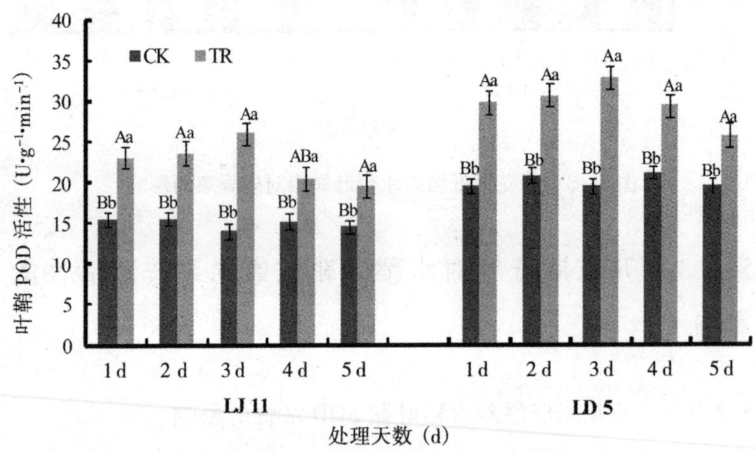

图 5－5 开花期低温对水稻叶鞘 POD 活性的影响

由图 5－5 可知，低温处理后，水稻叶鞘 POD 活性变化规律呈单峰曲线。LJ 11 和 LD 5 的 POD 活性都是在处理 3 d 时达到最大值。方差分析结果表明，从处理 1 d 开始，水稻叶鞘 POD 活性即明显增加，差异达到极显著水平。无论是室外 CK 还是低温 TR，LD 5 的 POD 活性都高于 LJ 11，这可能是耐冷品种与冷敏品种之间的差异特性所导致的。

5.2.3.3　开花期低温对水稻叶鞘 CAT 活性的影响

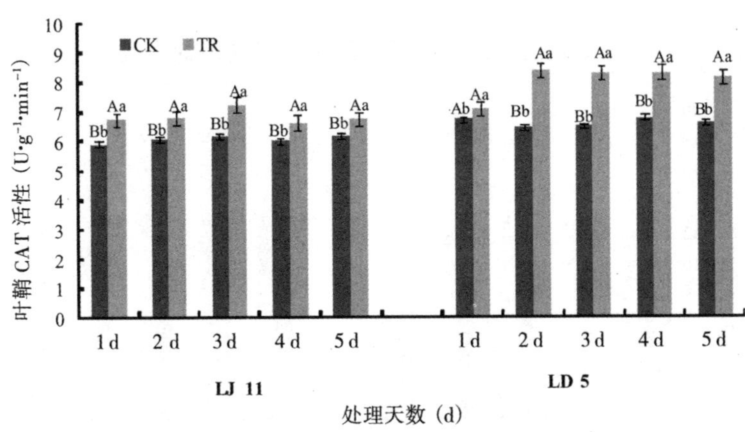

图 5-6　开花期低温对水稻叶鞘 CAT 活性的影响

由图 5-6 可知，低温处理后水稻叶鞘内的 CAT 活性较 CK 相比呈增加的变化趋势。LJ 11 的 CAT 活性在处理 3 d 时达到最大值，与 CK 相比，CAT 活性提高 17.73%，处理 4 d 后，CAT 活性开始下降。方差分析结果表明，低温处理可极显著提高 LJ 11 的 CAT 活性。LD 5 经低温处理后，在处理 1 d 时，CAT 活性增加，但幅度较小，经方差分析可知差异不显著，从处理 2 d 开始，CAT 活性迅速上升并相对稳定直到处理后 5 d。方差分析结果表明，处理 2 d 到 5 d 的 CAT 活性都显著高于 CK。整体来看，耐冷品种的 CAT 活性高于冷敏品种，并且低温处理后，耐冷品种 CAT 活性上升较早、较快，而且比较稳定。

5.2.4 开花期低温对水稻叶鞘可溶性物质含量的影响

5.2.4.1 开花期低温对水稻叶鞘可溶性糖含量的影响

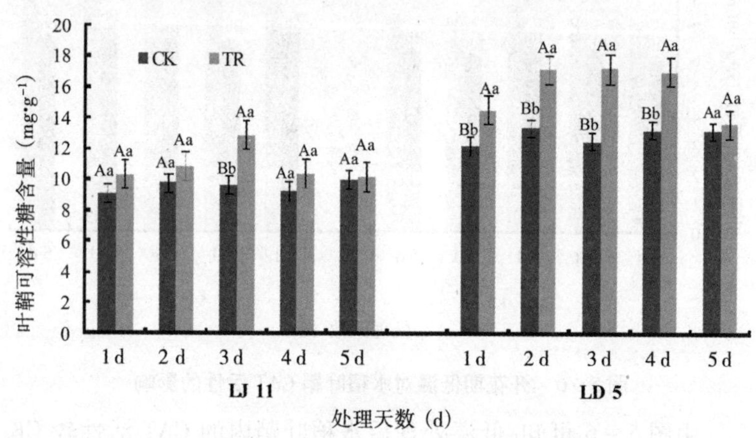

图 5-7 开花期低温对水稻叶鞘可溶性糖含量的影响

从图 5-7 可以看出,低温对水稻叶鞘可溶性糖含量具有一定的影响,可溶性糖含量呈先增加后降低的变化趋势。LJ 11 的可溶性糖含量在处理 3 d 时达最大值,较 CK 增加了 34.06%,方差分析结果表明此时 TR 的可溶性糖含量极显著高于 CK,而其他 4 个取样时期 TR 和 CK 之间无显著差异。LD 5 经低温处理后,可溶性糖含量增加,处理 1 d 时,上升幅度较小,处理 2 d 到 4 d 间,可溶性糖含量上升幅度较大,并维持在同一较高范围内。从处理 5 d 时开始下降,经过方差分析可知,除处理 5 d 时,TR 和 CK 之间差异不显著,其他时期都达到极显著的差异水平,这与可溶性糖能提高作物抗逆性的特性有关。

5.2.4.2 开花期低温对水稻叶鞘可溶性蛋白含量的影响

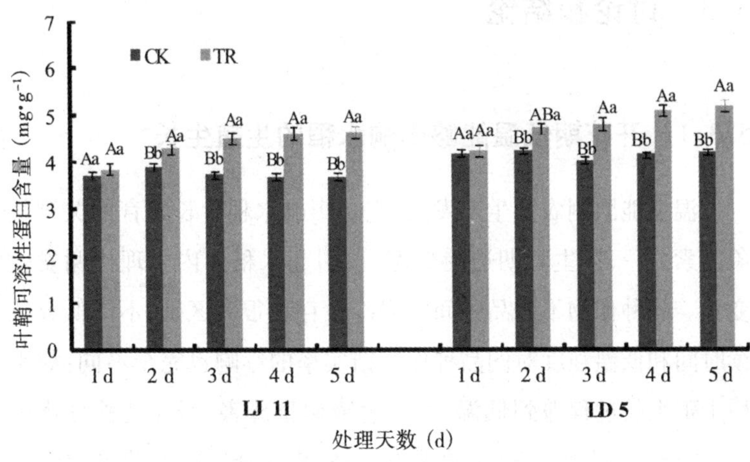

图5－8 开花期低温对水稻叶鞘可溶性蛋白含量的影响

图5－8表明低温能提高水稻叶鞘内可溶性蛋白的含量，随着处理时间的延长，可溶性蛋白含量整体呈上升的趋势。低温处理1 d时，2个品种水稻的上升幅度都较小，方差分析结果表明差异不显著。LJ 11从处理2 d开始，可溶性蛋白含量上升幅度较大，经方差分析可知在处理2 d到5 d时，TR的可溶性蛋白含量都极显著高于CK。LD 5从处理2 d开始，可溶性蛋白含量上升幅度开始增大，方差分析结果表明，处理2 d时，TR的可溶性蛋白含量显著高于CK；从处理3 d开始，TR的可溶性蛋白含量极显著高于CK。整体来看，无论是室外CK还是低温TR，耐冷品种LD 5的可溶性蛋白含量都高于冷敏品种LJ 11，这与其耐冷的特性相关。

5.3 讨论和结论

5.3.1 开花期低温能够影响水稻的生殖生长

温度能限制农业生产发展，它是影响水稻生长发育的关键气象因素之一，在生育期遭受低温，可引起水稻体内生理代谢发生变化。同种作物不同品种间的耐冷性存在很大区别，不同低温持续时间和低温强度对同品种作物结实率的影响也完全不同：如水稻生殖生长过程遇到低温，可发生障碍型冷害，引起幼穗分化生理机能紊乱，生殖生长活动受阻，结实率下降。叶昌荣等的研究指出水稻孕穗期受到低温冷害后，花药缩小，花药内可育花粉数量减少，不育花粉数量增多，结实率下降；这与邓化冰等研究开花期低温对水稻影响的结论相似，其指出开花期低温胁迫使得水稻代谢过程遭到破坏，降低了花粉的活力和可育性，导致水稻花粉萌发率显著降低，最终造成结实率下降。本研究结果与上述结论一致，开花期低温降低了水稻的花粉活力以及结实率，随着低温时间的延长，花粉活力降低程度加深，但不同品种之间存在明显的差异，耐冷品种 LD 5 和冷敏品种 LJ 11 对低温的应答不同，LD 5 下降的速率较慢，受到的伤害程度也相对较轻。这与赵国珍等的观点相同，他们指出冷胁迫可使水稻结实率显著降低，造成不同程度减产，但不同品种间存在较大差异。

5.3.2 开花期低温能够影响水稻叶鞘生理性状

多数研究表明低温能够影响作物逆境生理指标，比如可溶性物质含量、活性氧类物质含量、膜透性物质含量、抗氧化酶系统活性等,在对水稻的研究过程中,多数研究都集中在根系和叶片,对叶鞘的研究较少。此外,研究的受害时期以孕穗期居多,研究开花期的较少。本研究结果表明,开花期低温能够显著影响水稻叶鞘的生理性状。

5.3.2.1 开花期低温能够提高水稻叶鞘的膜透性

水稻在低温等逆境条件下,细胞内自由基代谢平衡被破坏从而使自由基不断增加,引发或加剧膜脂过氧化。MDA 是细胞膜过氧化的产物,能够抑制细胞保护酶活性,从而加剧膜脂过氧化,同时其本身也是具有细胞毒性的物质,其含量的高低可作为质膜受损的重要指标,胁迫强度越大,MDA 含量越多,MDA 含量与水稻耐冷性呈负相关。水稻体内脯氨酸是蛋白质的组成成分之一,并以游离态广泛存在于水稻体内,当水稻处于低温等逆境环境条件下生长时,其体内就会积累大量的脯氨酸。大量脯氨酸可提高膜渗透能力,对降低细胞酸度、稳定生物大分子结构具有良好的作用;同时积累的脯氨酸也能够充当能量库来协调细胞氧化还原势的生理生化作用,当水稻受到冷害后,脯氨酸通过参与细胞内的渗透调节,起到了防冻剂或膜稳定剂的作用,从而增强水稻的抗寒性。相对电导率是评价细胞膜透性的有效指标,在低温胁迫下,质膜的结构和功能受到伤害,导致细胞膜透性增加,电解质外渗,电导率增加,因此电导率能够比较客观地反映植物在低温逆境中的受害程度。

本研究结果表明水稻开花期低温处理能够提高其叶鞘内 MDA 含量、脯氨酸含量以及相对电导率。随着低温处理时间的延长,叶鞘内的 MDA 含量、脯氨酸含量以及相对电导率都呈逐渐增高的趋势。这与邓化冰等对水稻叶片的研究结果相似,其指出低温导致水稻叶片 MDA 含量和相对电导率显著增加,说明低温降低了植物体防御活性氧的酶促和非酶促保护系统能力，提高了自由基浓度，加剧了膜脂过氧化，导致膜结构破坏，质膜透性加大，电解质外渗，从而影响了叶片的生理生化机能，同时也指出耐冷品种能够保持相对较低的 MDA 含量和膜透性，使其膜结构及功能保持相对稳定，从而减轻了低温对水稻的伤害。另外，本研究结果还表明不同耐冷性水稻品种之间的差异较大，耐冷品种的脯氨酸含量高于冷敏品种，而 MDA 含量和相对电导率则低于冷敏品种，这些现象可能都是水稻叶鞘对低温抵御的反应。

5.3.2.2 开花期低温能够影响水稻叶鞘保护酶活性

保护酶是指植物体内存在的一系列可以防止自由基对植物造成毒害的具有清除活性氧自由基功能的酶。植物细胞可以产生 O^{2-}、OH^-、H_2O_2 等，同时细胞自身还存在一套清除这些自由基的保护酶，如 SOD、POD、CAT 等。正常情况下，植物能够自动氧化体内不断产生的活性氧类物质，这些物质的产生和清除处于一种动态平衡的状态，所以植物不会受到伤害。但在逆境条件下，植物细胞内的这种动态平衡会被打破，产生大量的具有强氧化性的活性氧类物质，可造成细胞膜脂过氧化反应，进而导致膜系统受到损伤使得作物受到伤害。植物通过 SOD、POD 和 CAT 三者协同作用，使体内的氧自由基维持在较低水平，可以在一定程度上减缓或防御低温胁迫。低温条件下，植物体内活性氧自由基含量明显增加，如果保护酶活性受到抑制，多余的自由基无法及时清除，会导致在细胞内大量积累，对植物产生伤害。邓化冰等研究指出开花期低温胁迫可导致水稻膜脂过氧化物含量迅速上升，随之体内的保护酶活性也产生变化，SOD、POD、CAT 的活性呈先上升后降低的变化趋势，保护酶维持较高的活性以尽量保护植株，减少低温带来的伤害。

本研究结果表明水稻开花期低温处理能够影响叶鞘保护酶活性,SOD、POD、CAT 的活性呈先上升后降低的变化趋势,其中 LD 5 的 SOD 活性总体表现出显著或极显著提高(1 d—4 d),随着处理时间的延长,到处理 5 d 时,其活性与 CK 之间差异不显著;而 LJ 11 的 SOD 活性仅在处理 3 d 时,与 CK 之间差异显著,随后活性开始降低。LJ 11 和 LD 5 的 POD 活性,从处理 1 d 开始就极显著提高,在处理 3 d 时达到最大值,随后开始下降。处理 3 d 是一个水稻叶鞘 POD 活性改变的临界时间,其一旦开始下降就意味着低温造成不可逆的伤害。就 CAT 活性来看,LJ 11 响应迅速,自处理开始 CAT 活性就极显著提高;而 LD 5 则是在处理 2 d 时才开始极显著提高。整体来看,低温可以导致水稻叶鞘 SOD、POD、CAT 活性提高,但不同品种之间存在明显差别,耐冷品种的 SOD、POD、CAT 活性要高于冷敏品种,耐冷品种 SOD 和 CAT 活性维持在较高水平的持续时间较长,笔者认为这是其耐冷的一个主要原因。李春燕等指出低温处理一段时间后,保护酶活性表现出持续下降的趋势,这与本研究的结果一致,同时也表明这种持续下降的现象是低温对作物造成了不可恢复的伤害。就本研究结果而言,耐冷品种处理前期(1 d—2 d)SOD 活性上升较快,中期(2 d—4 d)POD 活性较高,后期(4 d—5 d)CAT 活性较高,这也充分证明了 SOD、POD 和 CAT 三者协同作用抵抗逆境伤害的观点。

5.3.2.3 开花期低温能够提高水稻叶鞘可溶性物质含量

逆境条件下,植物为了减缓由胁迫造成的生理代谢不平衡,细胞大量积累一些小分子有机化合物,通过渗透调节来降低水势,以维持较高的渗透压,保证细胞的正常生理功能。可溶性糖和可溶性蛋白是低温诱导的小分子物质,这些物质可以参与渗透调节,并可能在维持植物蛋白质稳定方面起到重要作用。低温胁迫下可溶性糖和可溶性蛋白在植物体内会大量积累,可溶性糖通过某些糖代谢途径形成保护性物质,提高植物抵抗低温的能力。本研究结果表明,低温导致水稻叶鞘内可溶性物质含量增加,耐冷品种的可溶性糖和可溶性蛋白含量均高于冷敏品种,这与相关研究结果相似,刘祖琪等的研究表明抗寒性强的植物体内可溶性糖含量也相对较高。

开花期低温影响水稻生殖生长,可导致水稻花粉活力降低,同时还引起结实率降低;随着低温时间的延长,受害程度加大,花粉活力和结实率降低的幅度增大。

开花期低温胁迫使得水稻叶鞘的生理性状发生改变,引起叶鞘 MDA 含量、脯氨酸含量和相对电导率等膜透性指标显著提高;同时低温诱导保护系统开启,叶鞘内 SOD、POD、CAT 活性都发生相应变化,三种保护酶协同作用清除过剩的自由基,防御或减缓低温的伤害;低温处理后,叶鞘内的可溶性糖和可溶性蛋白含量在一定时间内迅速增加,提高了水稻叶鞘抵御低温的能力。

开花期低温处理后,耐冷品种比冷敏品种的花粉活力和结实率要高;耐冷品种的脯氨酸、可溶性糖、可溶性蛋白含量高于冷敏品种,而 MDA 含量和相对电导率低于冷敏品种;耐冷品种的保护酶活性也高于冷敏品种。

参考文献

[1] 王立志, 孟英, 项洪涛, 等. 黑龙江省水稻冷害发生情况及生理机制[J]. 黑龙江农业科学, 2016(4):144 - 150.

[2] 邓化冰, 车芳璐, 肖应辉, 等. 开花期低温胁迫对水稻花粉性状及剑叶理化特性的影响[J]. 应用生态学报, 2011, 22(1):66 - 72.

[3] 项洪涛，王立志，王彤彤，等. 孕穗期低温胁迫对水稻结实率及叶片生理特性的影响[J]. 农学学报，2016，32(11)：1-7.

[4] 施大伟，张成军，陈国祥，等. 低温对高产杂交稻抽穗期剑叶光合色素含量和抗氧化酶活性的影响[J]. 生态与农村环境学报，2006，22(2)：40-44.

[5] 邓化冰，王天顺，肖应辉，等. 低温对开花期水稻颖花保护酶活性和过氧化物积累的影响[J]. 华北农学报，2010，25(S2)：62-67.

[6] 项洪涛，王彤彤，郑殿峰，等. 孕穗期低温条件下 ABA 对水稻结实率及叶片生理特性的影响[J]. 中国农学通报，2016，32(36)：16-23.

[7] 李合生，孙群，赵世杰，等. 植物生理生化实验原理和技术[M]. 北京：高等教育出版社，2000.

[8] 张宪政. 作物生理研究法[M]. 北京：农业出版社，1992.

[9] 刘祖祺，张石城. 植物抗寒分子生物学研究进展[J]. 南京农业大学学报，1993，16(1)：113-120.

[10] 王立志，项洪涛，王连敏，等. 不同水稻品种对孕穗期低温的敏感性分析[J]. 黑龙江农业科学，2014(9)：14-17.

[11] 王连敏. 寒地水稻耐冷基础的研究Ⅱ. 小孢子阶段低温对水稻结实的影响[J]. 中国农业气象，1997，18(4)：10-21.

[12] 叶昌荣，戴陆园，王建军，等. 低温冷害影响水稻结实率的要因分析[J]. 西南农业大学学报，2000，22(4)：307-309.

[13] 赵国珍，YANG Sea-jun，YEA Jong-doo，等. 冷水胁迫对云南粳稻育成品种农艺性状的影响[J]. 云南农业大学学报

(自然科学版), 2010, 25(2):158 - 165.

[14] 邓化冰, 史建成, 肖应辉, 等. 开花期低温胁迫对水稻剑叶保护酶活性和膜透性的影响[J]. 湖南农业大学学报(自然科学版), 2011, 37(6):581 - 585.

[15] 刘涛, 何霞红, 李成云, 等. 不同低温处理对元阳梯田传统水稻品种孕穗期保护酶活性的影响[J]. 分子植物育种, 2014, 12(3):525 - 529.

[16] 李防洲, 冶军, 侯振安. 外源调节剂包衣对低温胁迫下棉花种子萌发及幼苗耐寒性的影响[J]. 干旱地区农业研究, 2017, 35(1):192 - 197.

[17] 李海林, 殷绪明, 龙小军. 低温胁迫对水稻幼苗抗寒性生理生化指标的影响[J]. 安徽农学通报, 2006, 12(11):50 - 53.

[18] 张桂莲, 张顺堂, 肖浪涛, 等. 抽穗开花期高温胁迫对水稻花药、花粉粒及柱头生理特性的影响[J]. 中国水稻科学, 2014, 28(2):155 - 166.

[19] 汤章城. 逆境条件下植物脯氨酸的累积及其可能的意义[J]. 植物生理学通讯, 1984(1):17 - 23.

[20] 赵福庚, 刘友良. 胁迫条件下高等植物体内脯氨酸代谢及调节的研究进展[J]. 植物学通报, 1999, 16(5):540 - 546.

[21] 王荣富. 植物抗寒指标的种类及其应用[J]. 植物生理学通讯, 1987(3):51 - 57.

[22] 董爱玲, 颉建明, 李杰, 等. 低温驯化对低温胁迫下茄子幼苗生理活性的影响[J]. 甘肃农业大学学报, 2017, 52(1):74 - 79.

[23] 朱 珊，熊宏亮，黄仁良，等. 低温胁迫对水稻生理指标的影响[J]. 江西农业学报，2013,25(7):10 - 12.

[24] 姜卫兵，高光林，俞开锦，等. 水分胁迫对果树光合作用及同化代谢的影响研究进展[J]. 果树学报，2002，19(6)：416 - 420.

[25] 李春燕，徐 雯，刘立伟，等. 低温条件下拔节期小麦叶片内源激素含量和抗氧化酶活性的变化[J]. 应用生态学报，2015，26(7):2015 - 2022.

[26] 赵江涛，李晓峰，李 航，等. 可溶性糖在高等植物代谢调节中的生理作用[J]. 安徽农业科学，2006，34(24)：6423 - 6425.

[27] 刘祖祺，张石城. 植物抗性生理学[M]. 北京：中国农业出版社，1994.

[28] Xiang H., Wang T., Zheng D., et al. ABA pretreatment enhances the chilling tolerance of a chilling-sensitive rice cultivar [J]. Brazilian Journal of Botany, 2017, 40(4) : 853 - 860.

[29] Aakash C, Angelica L, Björn O, et al. Global expression profiling of low temperature induced genes in the chilling tolerant japonica rice Jumli Marshi [J]. Plos One, 2013, 8(12):e81729.

[30] Howell K. A., Narsai R., Carroll A., et al. Mapping metabolic and transcript temporal switches during germination in rice highlights specific transcription factors and the role of RNA instability in the germination process [J]. Plant Physiology, 2009, 149(2):961 - 980.

[31] Anderson M. D., Prasad T. K., Martin B. A., et al. Differ-

ential gene expression in chilling-acclimated maize seedlings and evidence for the involvement of abscisic acid in chilling tolerance [J]. Plant Physiology, 1994, 105(1):331.

[32] Javadian N, Karimzadeh G, Mahfoozi S, et al. Cold-induced changes of enzymes, proline, carbohydrates, and chlorophyll in wheat [J]. Russian Journal of Plant Physiology, 2010, 57(4):540-547.

第6章　外源ABA抵抗孕穗期低温的调控

在众多非生物胁迫因子中，低温对水稻的影响特别严重，因为水稻对低温非常敏感。在水稻营养生长阶段，低温可推迟各生育时期并延迟水稻抽穗；在水稻生殖生长过程中，低温可以造成花粉不育、结实率降低并严重减产。

尽管作物的耐冷性及成熟率由遗传基础和环境条件共同决定，但外源植物激素能够在一定程度上起到调节作用。研究证实植物激素在植物的生长发育和产量形成中起到重要的调节作用，植物激素参与胚的形成、组织发育、内含物的积累和转运过程。ABA对植物生长的作用通常被认为是抑制作用，但近年来研究发现在植物的发育器官中也存在ABA，并且可能起促进生长的作用。大田条件下喷施ABA不仅没有抑制作物生长，反而可促进作物营养器官的生长和干物质的积累，研究表明孕穗期喷施ABA能够提高小麦的抗逆性并提高产量；另有报道指出通过ABA处理可以增加水稻的结实率，ABA浸种能够提高水稻的产量，可使平均产量提高将近10%，在水稻幼穗分化期喷施ABA也可提高产量。

目前，国内外学者关于ABA调节作物抵御非生物胁迫的机制研究已经取得显著成果，并在外源ABA缓解水稻等作物抗逆领域开展了较为深入的研究,证实了外源 ABA 在作物抗逆上具有重要的调控作用。有报道指出在低温胁迫下,外源 ABA 能提高玉米幼苗的抗寒能力,在对油菜的研究中也发现外源 ABA 能够提高幼苗的抗寒性。莫小锋等认为 ABA 处理能提高作物叶片的可溶性糖含量,降低相对电导率和 MDA 含量,加强对低温胁迫的抗性,这与王军虹等在冬小麦上的研究结果相同。相关学者指出外源 ABA 具有保护细胞膜完整性的作用,进而增强作物对低温的忍耐力,进一步推断 ABA 对抗氧化酶的诱导与其提高作物抗寒性可能存在密切关系,现已证实 ABA 能够提高甜菜叶片的 SOD、POD 的活性。杨东清等在对小麦的研究中证实了外源 ABA 具有此功能;Zhang Ying 等也指出 ABA 通过调控抗氧化酶活性,有效缓解了冷害条件下黄瓜幼苗的氧化受损程度。在对水稻的研究中,郭贵华等指出 ABA 能够提高干旱胁迫下水稻叶片的 SOD 活性,黄凤莲等指出 ABA 能够缓解低温胁迫下水稻幼苗 SOD、POD 的活性变化。由此推断,ABA 可以缓解逆境给作物带来的生长阻滞,适量喷施 ABA 有望提升水稻对低温的耐受能力,进而加大花粉成熟比例,降低空壳率。

迄今为止国内外鲜有关于 ABA 调控水稻抵抗障碍型冷害的研究报道。本章内容是在前人的研究基础上,于孕穗期对水稻进行低温处理,并喷施不同浓度的 ABA,开展低温胁迫对水稻叶片生理指标影响的研究;同时研究了 ABA 对冷害的缓解效果,目的是探明孕穗期低温胁迫对水稻的伤害机理,明确 ABA 对冷害的调控效应,以期丰富水稻耐障碍型冷害的生理基础知识,为水稻耐冷育种、高产优产和防控冷害提供理论依据。

6.1 材料与方法

6.1.1 试验材料与设计

试验于2014年和2015年在黑龙江省农业科学院人工气候室盆栽场进行。供试水稻品种为龙粳11号(LJ 11),孕穗期冷敏品种;龙稻5号(LD 5),孕穗期耐冷品种。试验采用盆栽方式,单本栽插,每盆保苗3株,于孕穗期进行药剂喷施及低温处理。2014年对龙粳11号和龙稻5号进行处理的时间分别是7月9日和7月5日;2015年对龙粳11号和龙稻5号进行处理的时间分别是7月9日和7月6日。

处理前选择叶枕距在-4—-1cm之间的蘖进行挂签标记,处理温度设定为15 ℃,处理当日上午8:00进行叶面喷施,ABA使用浓度分别为20 $mg \cdot L^{-1}$(文中用AT20表示)和40 $mg \cdot L^{-1}$(文中用AT40表示),折合公顷用液量为225 L。以喷施清水为对照,进行低温处理的对照文中用ICK表示,不进行低温处理的对照文中用OCK表示。喷施后随即进入人工气候室内进行低温处理,持续时间分别是1、2、3、4、5 d(表中用1DAT,2DAT,3DAT,4DAT,5DAT表示)。

6.1.2 试验方法

6.1.2.1 取样方法

处理期间,连续取样5次,每天上午8:30取样一次,对挂签标记蘖的叶片进行取样,取样后立即放入液氮中,而后置于-80 ℃冰箱中保存,供测定生理指标使用。

低温处理后每天移至室外 12 盆盆栽,直至成熟,供结实率调查使用。

6.1.2.2 测定方法

(1)结实率采用人工调查法测定;

(2)SOD、POD、CAT 的酶活性及 MDA、可溶性糖、可溶性蛋白含量采用植物生理生化试验技术进行测定;

(3)相对电导率采用作物生理研究法进行测定。

6.1.3 数据处理

试验所有数据处理采用 Excel 2003 和 SPSS 19.0 进行统计分析。

6.2 结果与分析

6.2.1 孕穗期低温条件下 ABA 对水稻结实率的影响

由表 6-1 可知,随着低温处理时间的持续,水稻结实率逐渐降低,其中龙稻 5 号下降的幅度较小,而龙粳 11 号的结实率下降明显。经过 5 d 的低温处理后,2014 年和 2015 年龙粳 11 号的 ICK 较 OCK 相比,结实率分别下降了 52.66% 和 74.18%。整体来看,龙粳 11 号经低温处理 2 d 后,ICK 的结实率即极显著低于 OCK,龙稻 5 号则需要处理 4 d 后结实率的差异才达到显著水平。喷施 ABA 对龙稻 5 号没有明显作用,但是对龙粳 11 号效果明显,尤其是 $20mg \cdot L^{-1}$ 的使用浓度。与 ICK 相比,AT20 可显著或极显著提高结实率,随着低温处理时间的持续,ABA 的效果开始减弱,到处理 5 d 时,ABA 处理的结实率与 ICK 之间无显著差异。

表6-1 孕穗期低温条件下ABA对水稻结实率的影响 (%)

年份	材料	处理	1DAT	2DAT	3DAT	4DAT	5DAT
2014	LJ11	AT20	61.92 ±0.69ABa	58.26 ±0.70Bb	49.25 ±0.78Bb	41.29 ±0.30Bb	31.74 ±0.30Bb
		AT40	61.00 ±0.57ABab	56.33 ±1.30Bb	48.73 ±1.22Bb	39.39 ±0.70Bb	31.03 ±0.98Bb
		ICK	58.88 ±0.70Bb	50.48 ±0.70Cc	44.92 ±0.70Bc	39.58 ±1.06Bb	30.21 ±0.70Bb
		OCK	63.82 ±0.83Aa	63.82 ±1.01Aa	63.82 ±1.00Aa	63.82 ±0.83Aa	63.82 ±0.96Aa
	LD5	AT20	99.97 ±0.01Aa	99.96 ±0.01Aa	99.92 ±0.01Aa	99.85 ±0.03Ab	99.78 ±0.09Ab
		AT40	99.97 ±0.01Aa	99.96 ±0.01Aa	99.92 ±0.01Aa	99.85 ±0.03Ab	99.77 ±0.04Ab
		ICK	99.96 ±0.01Aa	99.95 ±0.01Aa	99.92 ±0.01Aa	99.80 ±0.01Ab	99.76 ±0.01Ab
		OCK	99.97 ±0.01Aa	99.97 ±0.01Aa	99.97 ±0.02Aa	99.97 ±0.03Aa	99.97 ±0.02Aa
2015	LJ11	AT20	58.00 ±0.59Aa	56.61 ±2.74Aa	35.67 ±0.82Bb	28.27 ±2.00Bb	16.50 ±0.85Bb
		AT40	56.52 ±0.45Aa	44.96 ±0.45Bb	32.03 ±0.45Bb	23.13 ±0.84BCc	15.85 ±0.85Bb
		ICK	57.88 ±1.23Aa	46.47 ±0.38Bb	34.36 ±1.00Bb	21.10 ±0.45Cc	15.18 ±0.45Bb
		OCK	58.79 ±0.39Aa	58.79 ±0.54Aa	58.79 ±1.99Aa	58.79 ±1.02Aa	58.79 ±1.42Aa
	LD5	AT20	97.06 ±0.07Aa	96.55 ±0.55Aa	96.20 ±1.10Aab	95.44 ±0.37Ab	95.90 ±0.41Ab
		AT40	97.10 ±0.14Aa	96.90 ±0.23Aa	96.68 ±0.58Aa	95.81 ±0.52Ab	95.07 ±1.07Ab
		ICK	95.38 ±0.19Aa	96.16 ±0.19Aa	94.28 ±0.19Aab	95.25 ±0.19Ab	94.22 ±0.19Ab
		OCK	97.01 ±0.84Aa	97.01 ±0.59Aa	97.01 ±0.84Aa	97.01 ±0.35Aa	97.01 ±0.43Aa

注:平均数后的误差为标准误。采用新复极差法进行多重比较,小写字母表示0.05显著水平,大写字母表示0.01显著水平,下同。

6.2.2 孕穗期低温条件下 ABA 对水稻叶片膜透性的影响

6.2.2.1 孕穗期低温条件下 ABA 对水稻叶片 MDA 含量的影响

由表 6-2 可知,低温处理对水稻叶片内 MDA 含量具有较大影响,随着低温处理时间的持续,影响程度加深。龙粳 11 号处理 2 d 后 ICK 的 MDA 含量就极显著高于 OCK,直到取样末期。龙稻 5 号处理 2 d 后 ICK 的 MDA 含量显著高于 OCK,处理 3 d 后,两者之间的差异达到极显著水平。喷施 ABA 具有明显作用,尤其是 AT20 处理,与 ICK 相比,其可显著或极显著降低 MDA 含量。上述结果说明耐冷品种叶片内 MDA 含量低于冷敏品种,ABA 处理可明显降低水稻叶片内的 MDA 含量。

表 6-2 孕穗期低温条件下 ABA 对水稻叶片 MDA 含量的影响($\mu mol \cdot g^{-1}$)

材料	处理	1DAT	2DAT	3DAT	4DAT	5DAT
LJ11	AT20	4.31 ±0.09Ab	4.41 ±0.11Bb	5.57 ±0.14Aa	6.26 ±0.10Aa	6.99 ±0.11Bb
	AT40	4.88 ±0.07Aa	4.92 ±0.13Aa	5.42 ±0.24Aa	6.58 ±0.20Aa	7.16 ±0.11Bb
	ICK	4.45 ±0.11Ab	4.81 ±0.10Aa	5.66 ±0.11Aa	6.73 ±0.13Aa	7.98 ±0.19Aa
	OCK	4.43 ±0.21Ab	4.14 ±0.13Cc	4.09 ±0.06Bb	4.10 ±0.07Ab	4.45 ±0.09Cc
LD5	AT20	4.02 ±0.16Aa	3.46 ±0.08ABb	4.51 ±0.13Aa	5.05 ±0.17Ab	5.17 ±0.08Bb
	AT40	3.66 ±0.07Aab	3.01 ±0.07Bc	4.46 ±0.12Aa	5.74 ±0.09Aa	5.98 ±0.07Aa
	ICK	3.76 ±0.27Aab	3.44 ±0.04ABb	4.77 ±0.07Aa	5.76 ±0.05Aa	5.93 ±0.09Aa
	OCK	3.28 ±0.10Ab	3.83 ±0.13Bc	3.89 ±0.11Bb	3.48 ±0.20Bc	4.18 ±0.10Cc

6.2.2.2 孕穗期低温条件下 ABA 对水稻叶片相对电导率的影响

如表 6-3 所示,低温处理对水稻叶片相对电导率具有明显的影响。龙粳11号处理2 d后,ICK的相对电导率就极显著高于OCK。龙稻5号则需要处理4 d,ICK和OCK之间的相对电导率差异达到极显著水平。综合来看,冷敏品种叶片的相对电导率高于耐冷品种,ABA处理对该指标的调控效应比较微弱。

表6-3　孕穗期低温条件下ABA对水稻叶片电导率的影响　(%)

材料	处理	1DAT	2DAT	3DAT	4DAT	5DAT
LJ11	AT20	55.89±0.85Aa	61.66±0.90Aa	64.28±1.17Ab	71.58±2.39Aa	80.31±1.15Aa
	AT40	56.77±0.90Aa	60.35±1.13Aa	67.37±1.50Aab	73.92±0.92Aa	82.88±0.63Aa
	ICK	56.81±0.77Aa	62.48±0.86Aa	68.89±1.55Aa	74.83±0.98Aa	79.65±0.44Aa
	OCK	56.48±1.80Aa	54.99±1.24Bb	55.57±1.13Bc	56.02±0.42Bb	55.39±0.73Bb
LD5	AT20	54.98±1.49Aa	55.21±0.71Aa	54.62±1.77Aa	62.24±0.74Aa	68.37±1.05Aa
	AT40	55.36±1.32Aa	54.98±1.68Aa	57.69±1.23Aa	63.11±1.23Aa	67.86±0.76Aa
	ICK	55.93±0.68Aa	55.89±1.54Aa	59.97±0.6Aa	65.54±1.01Aa	68.42±0.53Aa
	OCK	55.42±1.20Aa	54.36±1.53Aa	56.87±1.85Aa	56.69±0.57Bb	55.35±1.22Bb

6.2.3　孕穗期低温条件下ABA对水稻叶片抗氧化系统酶活性的影响

6.2.3.1　孕穗期低温条件下ABA对水稻叶片SOD活性的影响

由表6-4可知,经过低温处理后,水稻叶片内的SOD活性表现出先升高后降低的趋势。龙粳11号在低温处理4 d内,ICK的SOD活性显著或极显著高于OCK,处理5 d时,两者之间没有显著性差异。龙稻5号经低温处理1 d时,ICK与OCK的SOD活性没有显著性差异,处理2—4 d时,ICK的SOD活性极显著高于OCK,处理5 d时,两者之间没有显著性差异。喷施ABA对水稻叶片的 SOD 活性具有一定影响，对龙稻 5 号效果明显，与 ICK 相比，AT20 和 AT40 均可极显著提高处理 3 d、4 d 的 SOD 活性，同时 AT20 还可显著提高处理 5 d 的龙粳 11 号叶片的 SOD 活性。

表 6－4　孕穗期低温条件下 ABA 对水稻叶片 SOD 活性的影响　（$U \cdot g^{-1}$）

材料	处理	1DAT	2DAT	3DAT	4DAT	5DAT
LJ11	AT20	592.32 ±2.21Ab	630.08 ±8.38Aa	642.46 ±5.86Aa	630.67 ±3.57Aa	607.39 ±4.79Aa
	AT40	606.11 ±4.34Aa	625.16 ±7.14Aa	639.83 ±3.24Aa	630.65 ±2.39Aa	600.34 ±6.18Ab
	ICK	601.48 ±3.36Aab	629.06 ±8.84Aa	634.54 ±5.06Aa	622.72 ±2.58Aa	598.82 ±6.88Ab
	OCK	585.92 ±3.05Ac	597.48 ±3.45Ab	616.42 ±3.53Ab	596.70 ±7.86Bb	598.67 ±4.19Ab
LD5	AT20	591.25 ±2.06Aa	634.03 ±5.42Aa	682.06 ±2.06Aa	663.74 ±3.48Aa	620.59 ±3.09Aa
	AT40	591.25 ±3.02Aa	632.25 ±3.78Aa	673.30 ±3.02Aa	658.72 ±4.01Aa	616.21 ±2.46Aa
	ICK	582.15 ±3.10Aa	629.99 ±2.79Aa	650.21 ±4.32Bb	633.69 ±3.19Bb	609.53 ±4.91Aa
	OCK	586.70 ±3.14Aa	611.26 ±3.44Bb	613.18 ±3.70Cc	587.41 ±1.20Cc	609.51 ±2.36Aa

6.2.3.2　孕穗期低温条件下 ABA 对水稻叶片 POD 活性的影响

由表 6－5 可知，经过低温处理后，水稻叶片内的 POD 活性变化表现出先升高后降低的趋势。龙粳 11 号经低温处理 2—4 d 时，ICK 的 POD 活性极显著高于 OCK，而 1 d 和 5 d 无显著性差异。龙稻 5 号在低温处理 2 d 和 3 d 时，ICK 的 POD 活性极显著高于 OCK，其他处理日期无显著性差异。喷施 ABA 对龙稻 5 号没有明显作用，但是对龙粳 11 号效果明显，尤其是 $20mg \cdot L^{-1}$ 的使用浓度，与 ICK 相比，AT20 可显著或极显著提高受冷中段时期的 POD 活性，但随着受冷时间的持续，ABA 的效果开始减弱，到处理 4 d 时，ABA 处理的 POD 活性与 ICK 之间无显著差异。

表6－5　孕穗期低温条件下

ABA对水稻叶片POD活性的影响　($U \cdot g^{-1} \cdot min^{-1}$)

材料	处理	1DAT	2DAT	3DAT	4DAT	5DAT
LJ11	AT20	19.91±0.75Aa	25.49±0.47Aa	35.26±1.50Aa	27.68±0.95Aa	19.28±0.84Aa
	AT40	19.61±0.58Aa	25.41±0.78Aa	31.98±1.02ABb	23.45±0.22Ab	18.93±1.13Aa
	ICK	19.74±0.34Aa	22.08±0.74Ab	28.21±1.14Bc	24.96±0.86Aab	18.15±0.70Aa
	OCK	19.55±0.36Aa	17.47±1.11Bc	18.21±0.22Cd	18.96±0.58Bc	19.92±1.02Aa
LD5	AT20	23.75±0.56Aa	28.01±0.93Aa	41.79±0.34Aa	26.83±0.80Aa	23.18±1.15Aa
	AT40	22.81±0.66Aa	28.13±0.44Aa	40.55±1.59Aa	27.28±1.74Aa	20.51±1.25Ab
	ICK	22.34±0.66Aa	28.71±0.69Aa	42.97±0.33Aa	25.36±0.76Aab	22.65±0.76Aab
	OCK	22.12±0.62Aa	20.71±0.53Bb	22.97±0.82Bb	22.72±0.84Ab	21.58±0.55Aab

6.2.3.3　孕穗期低温条件下ABA对水稻叶片CAT活性的影响

由表6－6可知，经过低温处理后，水稻叶片内的CAT活性表现出先升高后降低的变化趋势。龙粳11号经低温处理2—4 d时，ICK的CAT活性极显著高于OCK，而1 d和5 d处理无显著性差异。低温处理对龙稻5号叶片的CAT活性影响明显，整个处理时期，ICK的CAT活性都显著或极显著高于OCK。喷施ABA对龙粳11号没有明显作用，但是对龙稻5号效果明显，尤其是20mg · L^{-1}的使用浓度，与ICK相比，AT20可极显著提高处理后2 d和5 d叶片内的CAT活性，显著提高处理后1 d的叶片内酶活性，而AT40可极显著提高处理后1 d和2 d叶片内的CAT活性。

表 6-6　孕穗期低温条件下

ABA 对水稻叶片 CAT 活性的影响（mg·g^{-1}·min^{-1}）

材料	处理	1DAT	2DAT	3DAT	4DAT	5DAT
LJ11	AT20	7.58±0.21Aa	8.47±0.06ABb	10.76±0.45Aa	9.74±0.09Aa	8.22±0.12Ab
	AT40	7.73±0.06Aa	9.23±0.36Aa	9.80±0.06Ab	9.11±0.06Bb	8.58±0.05Aa
	ICK	7.54±0.06Aa	9.13±0.13Aab	9.92±0.13Aab	9.35±0.16ABab	8.06±0.11Ab
	OCK	7.67±0.13Aa	7.47±0.18Bc	7.92±0.13Bc	8.35±0.05Cc	8.01±0.17Ab
LD5	AT20	10.53±0.75ABb	14.78±0.76Aa	16.14±0.60Aa	14.94±0.58Aa	14.06±0.78Aa
	AT40	11.89±0.41Aa	12.51±0.62ABb	15.27±0.55Aa	11.27±0.72Bb	10.85±0.57Bb
	ICK	9.35±0.39Bc	10.49±0.64BCb	14.85±0.69Aa	14.13±0.56Aa	11.55±0.69Bb
	OCK	6.82±0.42Cd	7.35±0.44Cc	6.73±0.37Bb	6.85±0.51Cc	6.55±0.40Cc

6.2.4　孕穗期低温条件下 ABA 对水稻叶片可溶性物质含量的影响

6.2.4.1　孕穗期低温条件下 ABA 对水稻叶片可溶性糖含量的影响

由表 6-7 可知，低温处理对水稻叶片内可溶性糖含量具有较大影响，随着低温处理时间的持续，影响程度加大。龙粳 11 号经处理 2 d 内，ICK 与 OCK 的可溶性糖含量无显著性差异，从处理 3 d 开始，ICK 的可溶性糖含量就显著高于 OCK，到了处理 5 d，ICK 的可溶性糖含量较 OCK 相比，高出 36.86%，差异达到极显著水平。龙稻 5 号在低温处理 2 d 内，ICK 与 OCK 的可溶性糖含量无显著性差异，从处理 3 d 开始，ICK 的可溶性糖含量极显著高于 OCK，直到取样末期。喷施 ABA 具有一定的调控效应，对龙稻 5 号来说其可显著或极显著提高处理后 3 d 和 4 d 的可溶性糖含量，龙粳 11 号在低温处理后的 2 d 到 4 d，AT20 可显著提高叶片内可溶性糖的含量。另外，就 OCK 叶片内可溶性糖含量来看，龙稻 5 号高于龙粳 11 号，说明可溶性糖含量高可提高水稻的耐冷性。

表 6－7　孕穗期低温条件下 ABA 对水稻叶片可溶性糖含量的影响　（%）

材料	处理	1DAT	2DAT	3DAT	4DAT	5DAT
LJ11	AT20	14.16 ±0.76Aa	18.94 ±0.87Aa	19.47 ±0.53Aa	20.80 ±0.52Aa	24.04 ±0.73Aa
	AT40	13.65 ±0.64Aa	16.97 ±0.59Aab	18.32 ±0.55ABa	19.74 ±0.64ABa	21.43 ±0.43Bb
	ICK	15.12 ±0.73Aa	17.10 ±0.80Aab	17.95 ±0.50ABb	18.77 ±0.76ABb	21.35 ±0.80Bb
	OCK	14.18 ±0.66Aa	15.63 ±0.59Ab	16.55 ±0.70Bb	16.2 ±0.56Bb	15.60 ±0.41Cc
LD5	AT20	17.96 ±0.54Aa	19.20 ±0.83Aa	21.47 ±0.95Aa	22.67 ±0.0.80Aa	24.51 ±0.61Aa
	AT40	16.28 ±0.35Aa	18.28 ±0.67Aa	18.75 ±0.70BCc	19.48 ±0.59Bc	22.33 ±1.03Aa
	ICK	16.09 ±0.58Aa	18.13 ±0.56Aa	20.00 ±0.48ABb	21.29 ±0.58Ab	23.67 ±0.43Aa
	OCK	16.70 ±0.73Aa	17.26 ±0.29Aa	17.32 ±0.56Cd	16.85 ±0.57Cd	16.74 ±1.11Bb

6.2.4.2　孕穗期低温条件下 ABA 对水稻叶片可溶性蛋白含量的影响

由表 6－8 可知，低温处理对水稻叶片内可溶性蛋白含量的影响较大。随着低温处理时间的持续，影响程度加大。龙粳 11 号经低温处理 1 d 后，ICK 的可溶性蛋白含量就显著高于 OCK，到了处理 4 d，ICK 的可溶性蛋白含量与 OCK 之间的差异达到极显著水平。龙稻 5 号在低温处理 3 d 内，ICK 与 OCK 的可溶性蛋白含量无显著性差异，从处理 4 d 开始，ICK 的可溶性蛋白含量显著高于 OCK，到了处理 5 d，ICK 与 OCK 的可溶性蛋白含量的差异达到极显著水平。喷施 ABA 对水稻叶片内可溶性蛋白含量几乎没有影响。

表 6-8 孕穗期低温条件下

ABA 对水稻叶片可溶性蛋白含量的影响（$mg \cdot g^{-1}$）

材料	处理	1DAT	2DAT	3DAT	4DAT	5DAT
LJ11	AT20	7.82 ±0.20Aa	8.92 ±0.23Aa	11.15 ±0.51Aa	12.94 ±0.80Aa	13.16 ±0.15Aa
	AT40	7.60 ±0.19Aa	8.68 ±0.28Aa	11.01 ±0.56Aa	11.23 ±0.35Aa	12.67 ±0.84Aa
	ICK	7.52 ±0.20Aa	7.94 ±0.19ABab	10.35 ±0.52Aa	11.57 ±0.51Aa	12.94 ±0.40Aa
	OCK	7.97 ±10.22Aa	7.12 ±0.16Bc	8.73 ±0.18Ab	7.72 ±0.34Bb	7.87 ±0.36Bb
LD5	AT20	8.89 ±0.15Aa	9.22 ±0.38Aa	9.52 ±0.39Aa	9.67 ±0.12ABa	9.93 ±0.17Aa
	AT40	8.52 ±0.25Aa	9.15 ±0.72Aa	9.45 ±0.27Aa	9.73 ±0.33Aa	9.76 ±0.39Aa
	ICK	8.91 ±0.07Aa	9.13 ±0.15Aa	9.28 ±0.23Aa	9.59 ±0.27ABa	9.65 ±0.10Aa
	OCK	8.65 ±0.28Aa	8.74 ±0.18Aa	8.79 ±0.34Aa	8.84 ±0.10Bb	8.01 ±0.17Bb

6.3 讨论和结论

温度是影响水稻生长发育的重要环境因素之一，在生育期遭受低温，水稻体内大量的基因会发生重组表达，引起生理代谢变化，孕穗期低温能够引起花粉不育，还可不同程度地延迟水稻抽穗、开花，最终导致结实率下降，造成水稻减产。有报道指出同一物种的不同品种之间耐冷性也存在较大差异，同一品种不同冷害持续时间对结实率的影响差异也完全不同。本研究表明，龙稻 5 号和龙粳 11 号对低温的应答不同，龙稻 5 号仅在处理时间较长的情况下，结实率才发生显著下降，而龙粳 11 号经短时间低温处理后，结实率就发生极显著下降，并随着处理时间的延续，结实率下降幅度加大。这与朱海霞、曾宪国等的研究结果基本一致，说明孕穗期低温可降低水稻结实率，对水稻产量造成影响，这与低温影响花粉形成、花粉活力有较大关系。

植物激素控制着植物的生长发育，作物的耐冷性除受自身遗传特性影响外，很大程度上也决定于激素的动态平衡和调节。施用外源激素，水稻将其吸收至体内打乱原有的激素平衡，形成新的动态平衡以刺激生理功能发生变化，抵御逆境胁迫。有报道指出在干旱条件下，苹果根系的 ABA 会明显升高，水稻根系和叶片中的 ABA 含量会升高，进而调节某些生理过程以达到适应干旱等逆境的效果。杨建昌等研究表明水稻在水分胁迫下，ABA 含量高的品系减产率小，认为 ABA 可作为水稻抗旱性的指标。在水稻遭受低温后，内源 ABA 能够激活水稻对低温的适应性，在一定的低温范围内，外源 ABA 能够诱导作物抵御低温。本章研究结果表明，外源 ABA 能在一定程度上缓解低温对水稻结实率的影响，不同品种的效果不完全相同，对低温敏感的品种效果好于对低温钝感的水稻品种，这可能与组织细胞内自发形成 ABA 的能力有关，因为 ABA 在逆境条件下可作为一种逆境信号，指挥作物自身的一些生理活动，提高植物对逆境的忍耐能力。

正常条件下，植物能自动氧化不断产生活性氧类物质，由于这些物质的产生和清除处于动态平衡状态，植物一般不会受到伤害。但在逆境条件下，植物细胞内的这种动态平衡就会被打破，产生大量的具有强氧化性的活性氧类物质，可造成细胞膜脂过氧化反应，进而导致膜系统受到损伤使得作物受到伤害。植物通过 SOD、POD 和 CAT 三者协同作用，使体内的氧自由基维持在较低水平，从而防止对细胞造成伤害。在低温条件下，植物体内活性氧自由基含量明显增加，如果抗氧化酶活性受到抑制，过剩的自由基将无法及时得到清除，氧自由基就会在细胞内大量积累，对作物产生严重伤害。本章研究结果表明低温使水稻叶片内的抗氧化酶活性先升高后降低,这表明在低温初期,抗氧化酶活性的提高是作物对逆境胁迫的应激反应,有利于清除低温胁迫所产生的过多的氧自由基,起到保护作用。但随着低温处理的持续,抗氧化酶活性开始下降,表明低温开始对水稻产生伤害。我们通过试验表明低温处理期间外源 ABA 对水稻叶片内 POD 和 CAT 活性具有明显的调控效应。王英哲等对苜蓿的研究也指出外源 ABA 能够提高低温胁迫下幼苗体内 POD 的酶活性;苗永美等也指出外源 ABA 能够提高低温胁迫下甜瓜幼苗叶片的 POD 活性,相关研究都表明外源 ABA 能够缓解低温伤害;我们的试验结果也说明在一定范围内,外源 ABA 能够有效减缓低温对水稻带来的伤害。MDA 是细胞膜过氧化的产物,其含量的高低可作为质膜受损程度的重要指标。相对电导率是评价细胞膜透性的有效指标,相对电导率越高,说明质膜透性加大促进了电解质外渗。相关研究表明抗寒性强的植物体内可溶性糖含量也相对较高,低温胁迫下可溶性糖和可溶性蛋白在植物体内会大量积累,可溶性糖通过某些糖代谢途径形成保护性物质,提高植物抵抗低温的能力,并且可溶性糖含量的提高会增加 ABA 的积累,ABA 能够诱导某些抗逆蛋白的合成,提高植物的耐冷性。本章研究结果表明低温能够诱导水稻叶片内 MDA 含量、相对电导率、可溶性糖和可溶性蛋白含量显著增加,同时 ABA 处理能够相对降低 MDA 含量和相对电导率,相对提高可溶性糖的含量,这与黄杏等研究外源 ABA 对甘蔗的抗寒性的试验结果类似。陈善娜等也明确指出在低温胁迫下,外源 ABA 能够有效降低水稻幼苗的 MDA 含量,提高水稻幼苗的抗冷性。大量研究结果都表明,上述关于膜系统和可溶性物质含量的变化对于植物提高耐冷能力都有很好的促进作用。

外源 ABA 在一定程度上能缓解低温对水稻结实率的影响，同时 ABA 对水稻叶片的膜透性、POD 活性、CAT 活性及可溶性糖含量具有一定的调控效应，这可能是 ABA 能够提高水稻抗冷能力的关键所在，至于其细胞学原理、分子生物学原理还需进一步研究。

参考文献

[1] 项洪涛，王立志，王彤彤，等. 孕穗期低温胁迫对水稻结实率及叶片生理特性的影响[J]. 农学学报，2016，32(11)：1-7.

[2] 席吉龙，张建诚，席凯鹏，等. 外源 ABA 对小麦抗旱性和产量性状的影响[J]. 作物杂志，2014(3)：105-108.

[3] 王远敏，王光明. ABA 浸种对水稻生长发育及产量的效应研究[J]. 西南师范大学学报(自然科学版)，2007，32(1)：91-96.

[4] 曾卓华，易泽林，王光明，等. ABA 浸种对水稻幼苗生理及产量性状的影响[J]. 西南大学学报(自然科学版)，2009，31(10)：52-56.

[5] 邵玺文，孙长占，阮长春，等. ABA 浸种对水稻生长及产量的影响[J]. 吉林农业大学学报，2003，25(3)：243-245.

[6] 黄宇，苏以荣，谢小立，等. ABA 对双季早稻产量的影响[J]. 湖南农业科学，2001(1)：23-24.

[7] 李晶，张丽芳，焦健，等. 低温胁迫下外源 ABA 对玉米幼苗生长影响[J]. 东北农业大学学报，2015，46(11)：1-7.

[8] 方彦，武军艳，孙万仓，等. 外源 ABA 浸种对冬油菜种子萌

发及幼苗抗寒性的诱导效应[J]. 干旱地区农业研究，2014，32(6)：70－74.

[9] 莫小锋，贲柳玲，邱莉维，等. 外源 ABA 处理提高结缕草抗寒性试验[J]. 南方园艺，2014，25(3)：6－10.

[10] 王军虹，徐琛，苍晶，等. 外源 ABA 对低温胁迫下冬小麦细胞膜脂组分及膜透性的影响[J]. 东北农业大学学报，2014，45(10)：21－28.

[11] 李宁，王萍，李烨，等. 外源化学物质对低温胁迫下茄子细胞膜系统的影响[J]. 长江蔬菜，2012(6)：20－22.

[12] 周碧燕，郭振飞. ABA 及其合成抑制剂对柱花草抗冷性及抗氧化酶活性的影响[J]. 草业学报，2005，14(6)：94－99.

[13] 金喜军，宋柏全，杨君凯，等. GA 和 ABA 对甜菜幼苗保护酶活性的影响[J]. 中国糖料，2015，37(4)：20－23.

[14] 杨东清，王振林，尹燕枰，等. 外源 ABA 和 6－BA 对不同持绿型小麦旗叶衰老的影响及其生理机制[J]. 作物学报，2013，39(6)：1096－1104.

[15] 郭贵华，刘海艳，李刚华，等. ABA 缓解水稻孕穗期干旱胁迫生理特性的分析[J]. 中国农业科学，2014，47(22)：4380－4391.

[16] 黄凤莲，戴良英，罗宽. 药剂诱导水稻幼苗抗寒机制研究[J]. 作物学报，2000，26(1)：92－97.

[17] 李合生，孙群，赵世杰，等. 植物生理生化实验原理和技术[M]. 北京：高等教育出版社，2000.

[18] 张宪政. 作物生理研究法[M]. 北京：农业出版社，1992.

[19] 夏楠，赵宏伟，吕艳超，等. 灌浆结实期冷水胁迫对寒地粳稻籽粒淀粉积累及相关酶活性的影响[J]. 中国水稻科学，

2016,30(1):62－74.

[20] 王连敏. 寒地水稻耐冷基础的研究Ⅱ. 小孢子阶段低温对水稻结实的影响[J]. 中国农业气象, 1997,18(4):10－21.

[21] 王立志, 项洪涛, 王连敏, 等. 不同水稻品种对孕穗期低温的敏感性分析[J]. 黑龙江农业科学, 2014(9):14－17.

[22] 朱海霞, 王秋京, 闫平, 等. 孕穗抽穗期低温处理对黑龙江省主栽水稻品种结实率的影响[J]. 中国农业气象, 2012, 33(2):304－309.

[23] 曾宪国, 项洪涛, 王立志, 等. 孕穗期不同低温对水稻空壳率的影响[J]. 黑龙江农业科学, 2014(6):19－21.

[24] 王玉霞. 脱落酸(ABA)对亚种间杂交稻籽粒发育及蔗糖合酶活性的调节机理研究[D]. 扬州:扬州大学, 2007.

[25] 杨建昌, 彭少兵, 顾世梁, 等. 水稻灌浆期籽粒中3个与淀粉合成有关的酶活性变化[J]. 作物学报, 2001,27(2):157－164.

[26] 姜卫兵, 高光林, 俞开锦, 等. 水分胁迫对果树光合作用及同化代谢的影响研究进展[J]. 果树学报, 2002, 19 (6):416－420.

[27] 王英哲, 任伟, 徐安凯, 等. 低温胁迫下紫花苜蓿对外源SA和ABA的生理响应[J]. 华北农学报, 2012, 27 (5):144－149.

[28] 苗永美, 王万洋, 杨海林, 等. 外源Ca^{2+}、SA和ABA缓解甜瓜低温胁迫伤害的生理作用[J]. 南京农业大学学报, 2013, 36(4):25－29.

[29] 张桂莲, 张顺堂, 肖浪涛, 等. 抽穗开花期高温胁迫对水稻花药、花粉粒及柱头生理特性的影响[J]. 中国水稻科学,

2014,28(2): 155 - 166.

[30] 刘祖祺, 张石城. 植物抗性生理学[M]. 北京: 中国农业出版社, 1994.

[31] 简令成. 植物抗寒机理研究的新进展[J]. 植物学通报, 1992,9 (3) :17 - 22.

[32] 黄杏, 陈明辉, 杨丽涛, 等. 低温胁迫下外源 ABA 对甘蔗幼苗抗寒性及内源激素的影响[J]. 华中农业大学学报, 2013, 32 (4) :6 - 11.

[33] Surajit K. De Datta. Principles and practices of rice production [M]. New York: Robert E. Krieger publishing company, 1981.

[34] Renata P. C., Raul A. S., Denise C. Avoiding damage and achieving cold tolerance in rice plants[J]. Food and Energy Security, 2013, 2(2):96 - 119.

[35] Cheng C., Yun K. Y., Ressom H., et al. An early response regulatory cluster induced by low temperature and hydrogen peroxide in seedlings of chilling-tolerant japonica rice[J]. BMC Genomics, 2007(8):175.

[36] Oliver S. N., Dennis E. S., Dolferus R.. ABA regulates apoplastic sugar transport and is a potential signal for cold-induced pollen sterility in rice[J]. Plant and Cell Physiology, 2007,48(9):1319 - 1330.

[37] Kende H., Zeevaart J. A. The five "classical" plant hormones [J]. The Plant Cell, 1997(9): 1197 - 1210.

[38] Sansberro P. A., Mroginski L. A., Bottini R. Foliar sprays with ABA promote growth of *Ilex* paraguariensis by alleviating

diurnal water stress[J]. Plant Growth Regulation, 2004, 42: 105 – 111.

[39] Peng Y. B., Zou C., Wang D. H., et al. Preferential localization of abscisic acid in primordial and nursing cells of reproductive organs of Arabidopsis and cucumber[J]. New Phytologist, 2006,170(3): 459 – 466.

[40] Travaglia C., Reinoso H. ,Bottini R. Application of abscisic acid promotes yield in field-cultured soybean by enhancing production of carbohydrates and their allocation in seed[J]. Crop and Pasture Science, 2009, 60:1131 – 1136.

[41] Zhang Y., Jiang W., Yu H., et al. Exogenous abscisic acid alleviates low temperature-induced oxidative damage in seedlings of Cucumis sativus. L[J]. Transactions of the Chinese Society of Agricultural Engineering, 2012, 28 (Supp. 2): 221 – 228.

[42] Howell K. A., Narsai R., Carroll A., et al. Mapping metabolic and transcript temporal switches during germination in rice highlights specific transcription factors and the role of RNA instability in the germination process [J]. Plant Physiology, 2009, 149(2): 961 – 980.

[43] Morsy M. R., Jouve L., Hausman J. F., et al. Alteration of oxidative and carbohydrate metabolism under abiotic stress in two rice (*Oryza sativa* L.) genotypes contrasting in chilling tolerance[J]. Journal of Plant Physiology, 2007,164:157 – 167.

[44] Jacobs B. C., Pearson C. J.. Growth, development and yield of rice in response to cold temperature[J]. Journal of Agrono-

my and Crop Science,1999, 182:79 – 88.

[45] Oda S. , Kaneko F. , Yano K. , et al. Morphologicaland gene expression analysis under cool temperature conditions in rice anther development[J]. Genes and Genetic Systems, 2010, 85: 107 - 120.

[46] Anderson M. D. , Prasad T. K. , Martin B. A. , et al. Differential gene expression in chilling-acclimated maize seedlings and evidence for the involvement of abscisic acid in chilling tolerance[J]. Plant Physiology, 1994, 105: 331 – 339.

[47] Gowing D. J. , Davies W. J. , Jones H. G. A positive root-sourced signal as an"indicator"of soil drying in apple, *Malus x domestica Borkh*[J]. Journal of Experimental Botany, 1990,41 (233): 1535 – 1540.

[48] Shinkawa R. , Morishita A. ,Amikura K. , et al. Abscisic acid induced freezing tolerance in chilling-sensitive suspension cultures and seedlings of rice[J]. BMC Research Notes, 2013, 6:351 – 364.

[49] Mantyla E. , Lang V. , Palva E. T. . Role of abscisic acid in drought-induced freezing tolerance, cold acclimation and accumulation of LTI78 and RAB18 proteins in Arabidopsis thaliana [J]. Plant Physiology, 1995, 107:141 – 148.

第7章　外源ABA抵抗开花期低温的调控

低温对水稻生长发育的影响是复杂的生理生化过程,同时水稻抵御冷害也是多系统协调参与的理化反应过程。低温发生后,植物细胞的结构和内含物会发生一系列的适应性变化,以维持植物正常生长。近年来,国内外学者对水稻障碍型冷害开展了有关研究,指出水稻对低温的应答主要体现为细胞膜系统受到不可逆的损害、渗透调节物质含量提高、保护酶系统发生变化等。施大伟等指出水稻抽穗期低温会导致活性氧的产生和清除失衡,氧离子迅速积累,膜脂过氧化加剧,细胞膜发生损伤。邓化冰等指出耐冷水稻品种的 H_2O_2 和 MDA 含量显著低于冷敏品种,这可能与耐冷品种活性氧的产生和清除相对较为均衡有关。Xiang 等指出在一定时间内,低温能够使 SOD、POD 等保护酶活性得到提高。低温对水稻生产最大的影响就是降低其产量,主要原因是花药缩小,花药内不育花粉数量增加,结实率下降,进而影响水稻产量。

ABA 是一种具有倍半萜结构的植物激素,具有控制植物生长、抑制种子萌发及促进衰老等效应,在植物干旱、盐碱、低温等逆境胁迫反应中起重要作用。内源 ABA 含量在抗寒性不同的品种间具有比较明显的差别,一般抗寒性强的品种其内源 ABA 含量较高,低温条件下,植物生长活力下降,内源激素水平产生变化,主要表现为 ABA 含量增加。外施 ABA 可以增强植物的抗冷性,这在很多植物上已得到证实,邓凤飞等的研究表明外源 ABA 在低温胁迫下能够促进作物体内脯氨酸的积累;黄杏等报道了低温胁迫下外源 ABA 可以改变作物内源激素的含量,使得内源 ABA 含量增加,同时降低赤霉素的含量,从而提高作物的抗寒性;方彦等指出外源 ABA 具有提高作物抗寒性的诱导效应,能提高作物氧化酶活性,同时减缓膜脂过氧化物 MDA 的积累,这与孙哲等的研究结果一致。孙哲等报道逆境胁迫下,外源 ABA 能够提高作物抗氧化防护系统能力,降低 MDA 含量,促进可溶性物质的积累,提高作物抗逆性。

目前,我国对水稻障碍型冷害的研究较多,但主要集中在孕穗期研究,开花期低温的相关研究较少,尤其是开花期低温导致叶鞘生理机能的变化、外源 ABA 对低温缓控效应的研究更少。因此本试验于开花期对水稻进行低温处理,开展低温胁迫下外源 ABA 对水稻叶鞘影响的研究,旨在分析外源 ABA 抵御低温的作用,丰富寒地水稻的抗冷技术工程体系,为水稻耐冷育种、高产优产提供理论支持。

7.1 材料与方法

7.1.1 试验材料

选用龙稻 5 号(LD 5)和龙粳 11 号(LJ 11)为试验品种,LD 5 为耐冷品种,LJ 11 为冷敏品种。供试材料由黑龙江省寒地作物生理生态重点实验室提供。

7.1.2 试验设计与处理

试验于2015年和2016年在黑龙江省农业科学院耕作栽培研究所盆栽场及人工气候室内进行,由于两年规律一致,本章选用2016年数据。试验采用盆栽方式,单本栽插,每盆保苗3株,试验用盆盆高30 cm、直径25 cm。试验用土取自哈尔滨市道外区民主乡,土壤类型为草甸黑土。供试土壤的理化性质:土壤容重约为1.67 g · cm^{-3},最大田间持水量约为26.88%;有机质含量2.92%、全氮0.135 mg · kg^{-1}、全磷0.064 mg · kg^{-1}、缓效钾683 mg · kg^{-1}、碱解氮151.6 mg · kg^{-1}、速效磷49.97 mg · kg^{-1}、速效钾149.6 mg · kg^{-1},土壤pH为6.77。将试验用土晾晒后,筛除杂质,称重7.5 kg进行装盆待用。于4月26日进行种子处理,4月30日播种,5月25日进行移栽,每品种分别插秧150桶,选取长势均匀的样本进行试验。待植株生长至开花期时(7月12日)进行低温处理,处理温度为恒定15 ℃。进行低温处理当天上午10:00,对正在开花的稻穗进行挂签标记,采取叶面喷施方式施用外源ABA,使用浓度分别为20 mg · L^{-1}(文中用T1表示)和40 mg · L^{-1}(文中用T2表示),折合公顷用液量为225 L。以喷施清水为对照(文中用CK表示),喷施完毕后随即进入人工气候室内进行低温处理,持续时间分别是1 d、2 d、3 d、4 d、5 d。

7.1.3 测定项目及方法

7.1.3.1 取样方法

处理期间,连续取样5次,每天上午10:30取样一次,对挂签标记蘖的叶鞘进行取样,取样后立即放入液氮中,而后置于-80 ℃的冰箱中保存,供测定生理指标使用。

低温处理后每天移至室外 12 盆盆栽，直至成熟，供结实率调查使用。

7.1.3.2 测定方法

水稻花粉活力取有代表性的挂签标记稻穗的颖花 6 朵，每个颖花取 3 个花药，将花药用碘－碘化钾溶液染色后，观察 3 个视野的染色情况，计算花粉活力；结实率采用人工调查法测定；SOD、POD、CAT 的酶活性及 MDA 含量采用植物生理生化试验技术进行测定；可溶性蛋白含量采用考马斯亮蓝 G－250 染色法进行测定；可溶性糖含量采用硫酸蒽酮比色法进行测定；脯氨酸含量采用茚三酮比色法进行测定；相对电导率采用作物生理研究法进行测定；激素含量采用酶联免疫吸附（ELISA）法进行测定。

7.1.4 数据处理

试验所有数据采用 Excel 2010 进行处理和作图，使用 DPS 软件进行统计分析。

7.2 结果与分析

7.2.1 开花期低温胁迫下外源 ABA 对水稻生殖生长的影响

7.2.1.1 对花粉活力的影响

由表 7－1 可知，开花期低温处理后，水稻的花粉活力明显下降，随着处理时间的持续，花粉活力越来越低。外源 ABA 能够有效抑制花粉活力的迅速降低，方差分析结果表明，LJ 11 低温处理 1—2 d，ABA 处理与 CK 之间没有明显差异；处理 3—4 d，ABA 处理显著或极显著高于 CK;处理 5 d,T1 处理极显著高于 CK,T2 处理与 CK 之间差异不显著。而对 LD 5 而言,T1 处理 2 d、3 d 和 5 d时,显著或极显著高于 CK;T2 处理在 2 d 时显著高于 CK,其他时间与 CK 之间差异不显著。低温条件下, LD 5 的花粉活力高于 LJ 11,外源 ABA 处理后,T1 的效果好于 T2。

表 7-1 开花期低温条件下外源 ABA 对水稻花粉活力的影响 (%)

材料	处理	1 d	2 d	3 d	4 d	5 d
LJ11	CK	91.90 ±1.42Aa	77.65 ±1.93Aa	61.19 ±2.66Bb	50.51 ±2.49Bb	36.76 ±0.85Bb
	T1	92.37 ±0.82Aa	82.67 ±2.59Aa	70.17 ±2.05Aa	60.39 ±5.20Aa	44.43 ±4.27Aa
	T2	91.36 ±1.98Aa	78.61 ±2.53Aa	69.37 ±3.05Aa	54.68 ±2.63ABa	39.23 ±4.02ABb
LD5	CK	98.08 ±0.58Aa	89.95 ±1.23Bc	82.44 ±2.50Ab	79.36 ±2.17Aa	73.62 ±0.64Bb
	T1	98.49 ±0.76Aa	93.08 ±2.18Aa	87.78 ±2.30Aa	82.23 ±2.59Aa	78.36 ±2.45Aa
	T2	97.86 ±0.32Aa	90.40 ±0.85Bb	84.32 ±2.54Aab	79.14 ±1.17Aa	75.59 ±2.34ABb

注:平均数后的误差为标准差。采用新复极差法进行多重比较,小写字母表示 0.05 显著水平,大写字母表示 0.01 显著水平,下同。

7.2.1.2 对结实率的影响

由表 7-2 可知,开花期低温处理后,水稻结实率随着处理时间的延长越来越低。一定的时间范围内,外源 ABA 能够缓解水稻结实率的下降速度,经过方差分析可知,对 LJ 11 来说,T1 处理 1—4 d,下降速度显著或极显著高于 CK;处理 5 d,T1 与 CK 之间没有显著性差异,T2 处理仅在 2 d 的结实率极显著高于 CK,其他时间与 CK 之间没有显著差异。而对 LD5 而言,T1 处理仅在 4 d 显著高于 CK;T2 处理与 CK 差异不显著。低温条件下,耐冷品种

LD 5 的结实率高于冷敏品种 LJ 11，外源 ABA 的处理结果是 T1 好于 T2，其对冷敏品种 LJ 11 的处理效果更好。

表 7－2　开花期低温条件下外源 ABA 对水稻结实率的影响　（%）

材料	处理	1 d	2 d	3 d	4 d	5 d
LJ11	CK	60.04 ±0.26Bb	51.69 ±1.41Bb	47.72 ±2.05Ab	40.05 ±0.92Ab	31.77 ±0.83Aa
	T1	62.18 ±0.48ABa	59.08 ±1.53Aa	53.36 ±1.95Aa	43.14 ±1.48Aa	32.24 ±1.07Aa
	T2	61.36 ±0.97ABab	57.97 ±0.43Aa	51.23 ±1.86Aab	40.54 ±0.99Ab	32.08 ±1.59Aa
LD5	CK	99.93 ±0.02Aa	99.93 ±0.01Aa	99.90 ±0.01Ab	99.81 ±0.01Ab	99.77 ±0.04Aa
	T1	99.96 ±0.02Aa	99.95 ±0.03Aa	99.93 ±0.02Aab	99.86 ±0.03Aa	99.79 ±0.02Aa
	T2	99.94 ±0.03Aa	99.93 ±0.03Aa	99.93 ±0.02Aab	99.82 ±0.02Aab	99.78 ±0.04Aa

7.2.2　开花期低温胁迫下外源 ABA 对水稻叶鞘内源激素的影响

7.2.2.1　对叶鞘内源激素含量的影响

表 7－3 所示为水稻开花期低温胁迫下，外源 ABA 对叶鞘内源激素含量的调控效应。可以看出，低温处理后内源 ABA 含量呈逐步上升的趋势，GA 和 IAA 的含量呈逐步下降的趋势。LJ 11 在处理 4 d 后，内源 ABA 含量上升速度较缓，而 LD 5 的上升幅度一直高于 LJ 11，同时 LD 5 在各时期的内源 ABA 含量值也一直高于 LJ 11。内源 IAA 含量随着低温处理时间的持续变得越来越低，且耐冷品种 LD 5 下降的速度高于冷敏品种 LJ 11，处理 1 d，两个品种 IAA 含量较为接近，处理 2—4 d，LD 5 的含量低于 LJ 11，到处理 5 d 时，供试的两品种内源 IAA 含量又降低到接近的水平。低温导

致叶鞘内GA含量逐渐降低，且冷敏品种LJ 11下降的幅度高于耐冷品种LD 5，同时LJ 11各时期的GA含量值也一直高于LD 5。

表7-3　开花期低温条件下外源ABA对水稻叶鞘内源激素含量的影响　($ng \cdot g^{-1}$)

项目	材料	处理	1 d	2 d	3 d	4 d	5 d
ABA	LJ11	CK	110.14±6.74Aa	118.22±5.03ABa	125.82±4.18Bb	127.56±3.54Bb	127.88±4.70Bb
		T1	117.18±8.42Aa	128.49±3.57Aa	138.25±3.32Aa	141.33±3.99Aa	149.53±6.12Aa
		T2	114.27±5.74Aa	121.78±6.68ABa	128.76±5.37ABb	130.67±4.60ABa	133.75±4.89ABb
	LD5	CK	123.93±5.19ABbc	133.32±4.35BCb	141.36±4.78Bb	149.74±5.26Cc	154.57±6.22Bb
		T1	132.71±3.66Aa	151.89±6.29Aa	169.34±3.49Aa	176.72±4.68Aa	180.42±5.72Aa
		T2	128.57±3.48ABab	139.99±7.28ABb	150.81±7.14Bb	160.22±4.80Bb	167.74±9.99ABab
IAA	LJ11	CK	44.18±2.66Aa	42.23±3.33Aa	38.13±2.95Aa	36.83±2.30Aa	32.09±2.33Aa
		T1	40.83±4.42Aa	36.76±4.02Bb	30.06±1.69Bb	28.82±1.47Ab	27.31±1.19Ab
		T2	42.93±2.47Aa	40.26±2.45ABa	34.28±1.25ABab	32.47±1.08Aab	30.78±1.37Aab
	LD5	CK	44.98±3.66Aa	40.73±1.94Aa	35.99±1.61Aa	33.29±1.34Aa	32.21±2.86Aa
		T1	42.15±2.30Aa	35.04±1.52Bb	29.90±1.28Ab	25.26±1.66Bb	23.78±2.41Bb
		T2	43.04±1.81Aa	37.42±1.27ABb	32.84±2.35Aab	30.70±1.09Aa	29.59±1.73ABa
GA	LJ11	CK	7.82±0.13ABb	7.34±0.34Aa	6.86±0.33Aa	6.57±0.27Aa	6.48±0.27Aa
		T1	6.89±0.42Bc	6.05±0.13Bc	5.55±0.18Bb	5.14±0.16Bb	4.96±0.14Bc
		T2	7.22±0.24Bbc	6.64±0.21ABb	6.25±0.10ABb	6.12±0.14Aa	5.94±0.23Ab
	LD5	CK	7.37±0.07Aa	6.83±0.27Aa	6.58±0.16Aa	6.03±0.12Aa	5.72±0.16Aa
		T1	6.31±0.15Bb	5.80±0.12Bb	5.28±0.18Bc	4.86±0.10Bc	4.52±0.14Bc
		T2	6.68±0.20ABb	6.15±0.28ABb	5.87±0.25Bb	5.25±0.09Bb	5.02±0.19Bb

叶喷外源ABA能够有效促进水稻叶鞘内源激素含量的正向

变化,其促进了内源 ABA 含量的增加,尤其是 T2 处理,其显著提高了 LD 5 处理 1 d 时的内源 ABA 含量,极显著提高了处理 2—5 d 的内源 ABA 含量, T2 处理也极显著地提高了 LJ 11 处理 3—5 d 的内源 ABA 含量。同时,外源 ABA 能够有效促进叶鞘内源 IAA 和 GA 含量的降低,方差分析结果表明,其显著或极显著降低了供试品种的 GA 含量,其中以 T1 处理效果为更好;IAA 含量也有变化,从处理 2 d 开始,外源 ABA 能显著或极显著降低叶鞘内 IAA 含量,但是主要以 T1 处理的效果为最好,T2 处理的效果不明显。

7.2.2.2 对叶鞘内源激素比值的影响

表 7-4 开花期低温条件下外源 ABA 对水稻叶鞘 ABA/GA、ABA/IAA 的影响

项目	材料	处理	1 d	2 d	3 d	4 d	5 d
ABA/GA	LJ11	CK	14.08	16.10	18.33	19.42	19.73
		T1	17.00	21.24	24.91	27.48	30.17
		T2	15.82	18.33	20.59	21.34	22.53
	LD5	CK	16.82	19.52	21.47	24.83	27.02
		T1	21.04	26.20	32.09	36.39	39.89
		T2	19.25	22.76	25.71	30.50	33.41
ABA/IAA	LJ11	CK	2.49	2.80	3.30	3.46	3.99
		T1	2.87	3.50	4.60	4.90	5.48
		T2	2.66	3.02	3.76	4.02	4.35
	LD5	CK	2.76	3.27	3.93	4.50	4.80
		T1	3.15	4.33	5.66	7.00	7.59
		T2	2.99	3.74	4.59	5.22	5.67

注:表格中内源激素间的比值均是激素含量平均值的比率。

由表7-4可知,随着低温处理时间的延长,两个水稻品种叶鞘内ABA/GA、ABA/IAA都呈上升的变化趋势。外源ABA处理的水稻叶鞘内的ABA/GA、ABA/IAA都高于CK。LJ 11低温处理2—5 d,CK的ABA/GA、ABA/IAA的增幅分别为14.31%—40.12%和12.30%—59.86%,T1处理的增幅是24.93%—77.47%和21.80%—90.82%,T2处理的增幅是15.87%—42.41%和13.63%—63.23%。LD 5低温处理2—5 d,CK的ABA/GA、ABA/IAA的增幅分别为16.08%—60.70%和18.78—74.17%,T1处理的增幅是24.52%—89.55%和37.69%—141.02%,T2处理的增幅是18.26%—73.60%和25.21%—89.75%。耐冷品种的ABA/GA、ABA/IAA高于冷敏品种,T2处理的效果好于T1处理。

7.2.3 开花期低温胁迫下外源ABA对水稻叶鞘抗寒生理指标的影响

7.2.3.1 对水稻叶鞘膜透性的影响

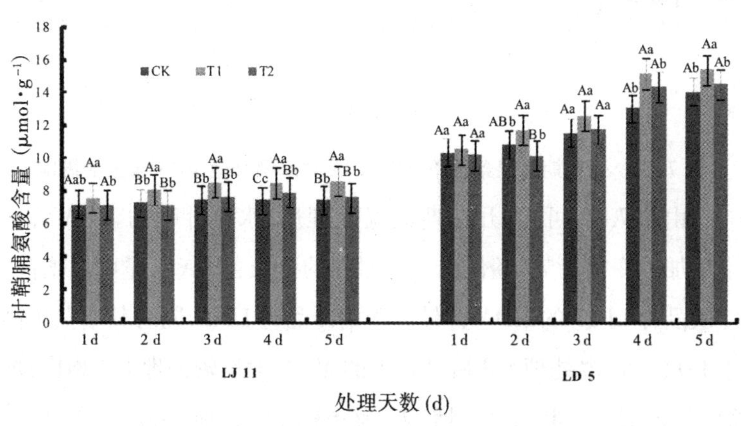

图7-1 开花期低温条件下外源ABA对水稻叶鞘脯氨酸含量的影响

由图 7－1 可知，开花期低温导致水稻叶鞘中脯氨酸含量呈上升趋势，LD 5 的上升幅度高于 LJ 11。外源 ABA 能够促进叶鞘内脯氨酸含量的增加，方差分析结果表明，经低温处理 1 d，T1、T2 处理与 CK 之间的脯氨酸含量差异不显著，低温处理 2—5 d，T1 处理的脯氨酸含量极显著高于 CK。T2 处理对不同品种的调控效果不完全相同，LJ 11 处理 1—3 d 时，T2 与 CK 差异不显著，处理 4—5 d 时，两者之间差异达显著水平；LD 5 处理 5 d 时，T2 处理显著高于 CK，其他时期 T2 处理与 CK 之间差异不显著。低温条件下，耐冷品种 LD 5 的脯氨酸含量高于冷敏品种 LJ 11，外源 ABA 具有提高叶鞘内脯氨酸含量的调控效能，T1 的效果好于 T2。

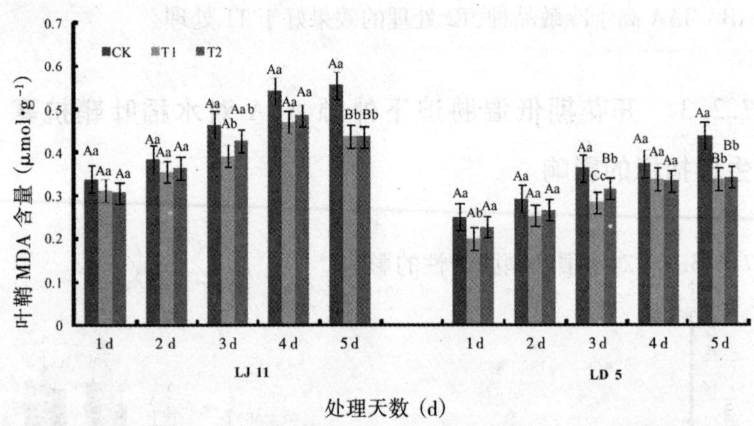

图 7－2　开花期低温条件下外源 ABA 对水稻叶鞘 MDA 含量的影响

由图 7－2 可知，开花期低温处理后，水稻叶鞘内 MDA 含量呈增加的变化趋势，随低温处理时间的延长，MDA 含量随之增高，冷敏品种 LJ 11 的 MDA 含量高于耐冷品种 LD 5，同时其增量也高于 LD 5。低温处理 5 d 后，LJ 11 的 MDA 含量较处理 1 d 相比，增加了 0.22 $\mu mol \cdot g^{-1}$，增幅为 63.73%，而 LD5 增加了 0.19 $\mu mol \cdot g^{-1}$，增幅为 74.67%。外源 ABA 能够明显控制 MDA

含量的增加，尤其是T1处理效果更为明显。方差分析结果表明，LJ 11低温处理1—2 d，ABA处理与CK之间没有明显差异；处理3 d时，T1显著高于CK，T2与CK之间没有显著性差异；处理5 d时，T1和T2极显著高于CK。而LD 5低温处理1 d时，T1显著高于CK，T2与CK之间没有显著性差异；低温处理3 d和5 d时，T1和T2极显著高于CK，其他时间T1、T2处理和CK之间都没有显著性差异。

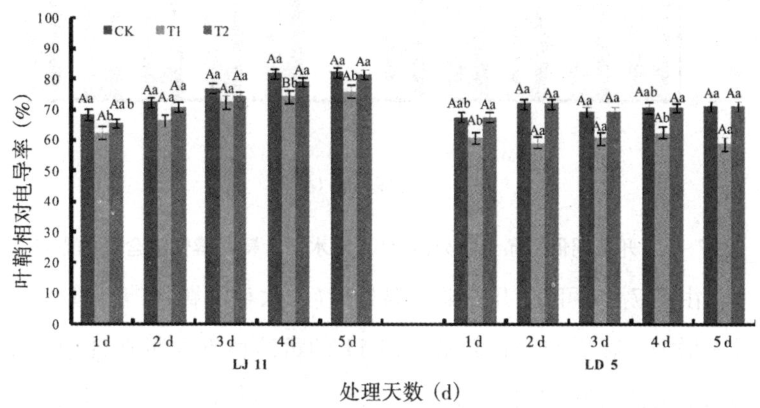

图7-3　开花期低温条件下外源ABA对水稻叶鞘相对电导率的影响

由图7-3可知，开花期低温导致水稻叶鞘相对电导率提高，耐冷品种LD 5上升的幅度不大，而冷敏品种LJ 11的上升趋势明显，同时LJ 11的相对电导率也高于LD 5。外源ABA能够有效抑制叶鞘相对电导率的增加，不同浓度处理之间效果不同。经过方差分析可知，LJ 11低温处理1—3 d，T1处理与CK之间没有明显差异；处理4—5 d，T1处理极显著低于CK；T2处理与CK之间无明显差异。外源ABA处理能降低LD 5叶鞘的相对电导率，但与CK差异不显著。低温条件下，耐冷品种LD 5的相对电导率低于冷敏品种LJ 11，外源ABA处理对冷敏品种LJ 11的调控效果较好,以 T1 的处理效果为最好。

7.2.3.2 对水稻叶鞘可溶性物质含量的影响

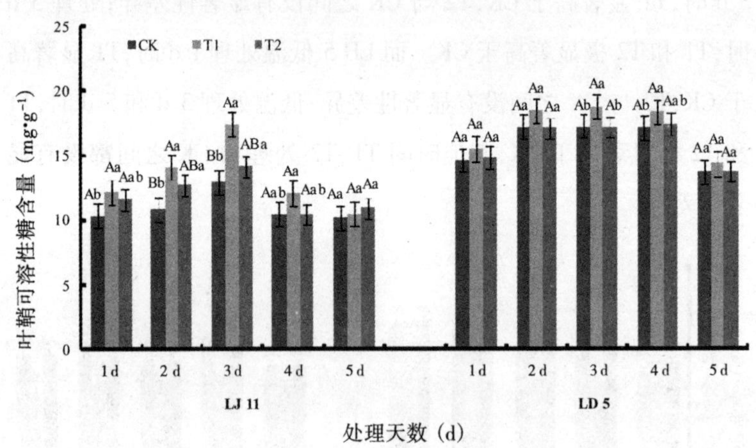

图 7-4 开花期低温条件件下外源 ABA 对水稻叶鞘可溶性糖含量的影响

由图 7-4 可知,开花期低温处理后,水稻叶鞘可溶性糖含量呈先增加后降低的变化趋势。LJ 11 的可溶性糖含量在处理 3 d 时达最大值,较处理 1 d 时增加了 25.01%,处理 4 d 时开始降低,4 d 和 5 d 时的含量接近。LD5 在处理 2—4 d 时可溶性糖含量接近,在 17.05—17.22 mg·g^{-1}之间,从 5 d 开始降低。外源 ABA 能够有效促进水稻叶鞘内可溶性糖含量增加,T2 处理的作用不大,仅 LJ 11 处理 3 d 时,T2 处理的含量显著高于 CK,其他处理均与 CK 之间无明显差异。T1 处理的作用较好,LD 5 处理 3 d 和 4 d时,T1 处理的含量显著高于 CK,LJ 11 短期低温情况下,T1 处理可促进可溶性糖含量的增加。方差分析结果表明,T1 处理显著提高了处理 1 d 时两个品种叶鞘的可溶性糖含量,极显著增加了处理后 2 d 和 3 d 时叶鞘的可溶性糖含量,其他时间与 CK 差异不显著。低温条件下,耐冷品种 LD 5 叶鞘内的可溶性糖含量高于冷敏品种 LJ 11,外源 ABA 处理可促进可溶性糖含量的提高,T1 的效果好于 T2。

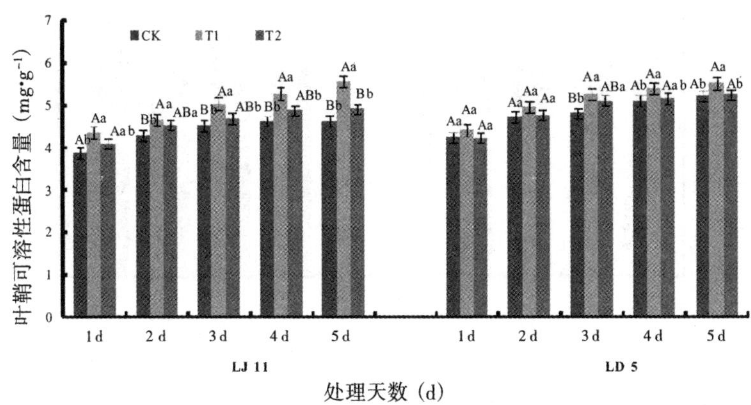

图 7-5　开花期低温条件下外源 ABA 对水稻叶鞘可溶性蛋白含量的影响

图 7-5 表明,开花期低温可导致水稻叶鞘可溶性蛋白含量增加。低温处理 5 d 与处理 1 d 相比,LJ 11 的 CK 处理可溶性蛋白含量增幅为 20.05%,LD 5 的 CK 处理可溶性蛋白含量增幅为 22.76%。外源 ABA 能加速水稻叶鞘内可溶性蛋白含量的累积,经过方差分析可知,T1 显著提高了 LJ 11 处理 1 d 时的可溶性蛋白含量,极显著增加了处理后 2—5 d 的可溶性蛋白含量,T2 处理仅在处理 2 d 时显著提高了可溶性蛋白的含量,其他时间与 CK 之间差异不显著。低温处理 1—2 d 时,外源 ABA 对 LD 5 叶鞘可溶性蛋白含量的影响差异不显著,处理 3—5 d 时,T1 处理极显著或显著提高了叶鞘可溶性蛋白含量,T2 处理显著提高了处理后 3 d 和 5 d 时水稻叶鞘内可溶性蛋白的含量。

7.2.3.3 对水稻叶鞘抗氧化酶活性的影响

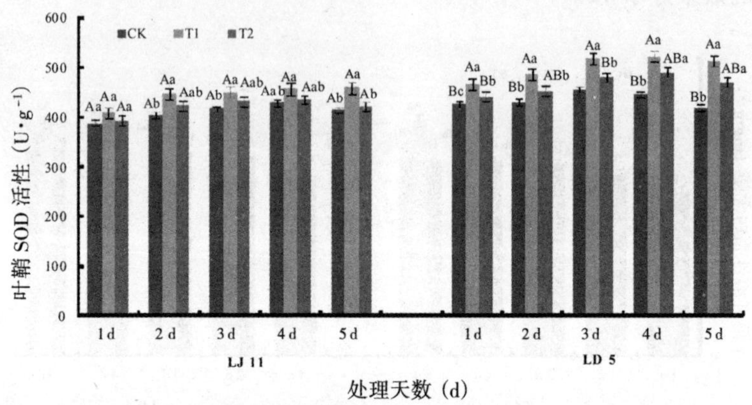

图 7-6 开花期低温条件下外源 ABA 对水稻叶鞘 SOD 活性的影响

由图 7-6 可知随着开花期低温处理时间的延长，水稻叶鞘 SOD 活性呈先升后降的变化趋势。LJ11 低温处理后 4 d SOD 活性达到最高值，而 LD 5 是在低温处理后 3 d 就达到最高值，但 LD 5 的 SOD 活性整体高于 LJ 11。外源 ABA 处理能明显提高水稻叶鞘内 SOD 的活性，方差分析结果表明，LJ 11 低温处理 1—2 d，ABA 处理与 CK 之间没有明显差异；处理 3—5 d，T1 处理显著高于 CK，T2 处理与 CK 之间差异不显著。对 LD 5 而言，T1 处理显著提高处理 2 d 时的 SOD 活性，极显著提高其他时期的 SOD 活性，T2 处理的效果也较好，除处理 2 d，T2 处理的 SOD 活性都显著高于 CK。低温条件下，耐冷品种 LD 5 的 SOD 活性高于冷敏品种 LJ 11，外源 ABA 可提高叶鞘 SOD 活性，T1 的效果好于 T2。

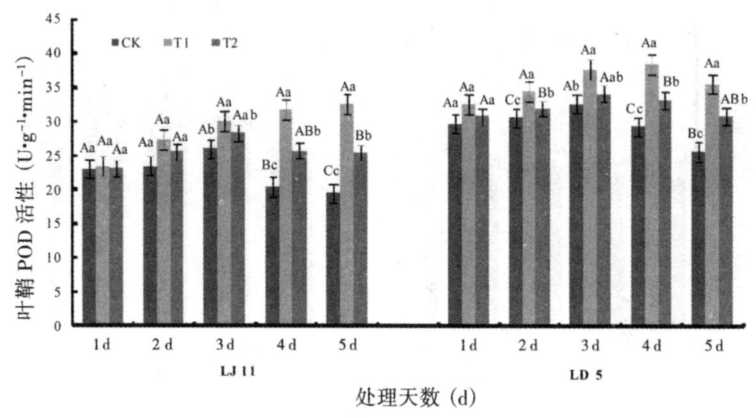

图 7-7 开花期低温条件下外源 ABA 对水稻叶鞘 POD 活性的影响

从图 7-7 可以看出，开花期低温处理后，水稻叶鞘 POD 活性先升高后降低。LD 5 和 LJ 11 都是在低温处理 3 d 时 POD 活性达到最高，低温处理后，耐冷品种 LD 5 的 POD 活性高于冷敏品种 LJ 11。低温条件下，外源 ABA 能促进 POD 活性的增加，方差分析结果表明，LJ 11 低温处理 1—2 d，ABA 处理与 CK 之间没有明显差异；处理 3—5 d，T1 处理显著或极显著高于 CK；4 d 时 T2 处理显著高于 CK，处理 5 d 时极显著高于 CK。对 LD 5 而言，2—5 d 时 T1 处理显著或极显著高于 CK；T2 处理在 2 d、4 d 和 5 d 时，显著或极显著高于 CK，其他时间与 CK 差异不显著。低温条件下，耐冷品种 LD 5 的叶鞘 POD 活性高于冷敏品种 LJ 11，外源 ABA 对叶鞘内 POD 活性具有促进增加的功能，T1 的效果好于 T2。

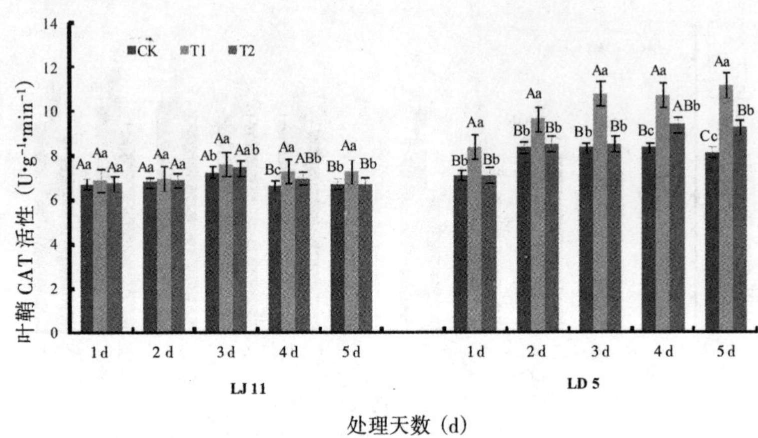

图 7－8　开花期低温条件下外源 ABA 对水稻叶鞘 CAT 活性的影响

由图 7－8 可知，开花期低温处理后，水稻叶鞘内 CAT 活性整体呈先升后降的变化趋势，但变幅不大。耐冷品种 LD 5 的 CAT 活性高于冷敏品种 LJ 11。外源 ABA 能够促进 CAT 活性的提高，尤其是 T1 处理对 LD 5 效果最为明显。方差分析结果表明，LJ 11 低温处理 1—2 d，ABA 处理与 CK 之间没有明显差异；处理 3 d 时 T1 处理的 CAT 活性显著高于 CK，处理 4—5 d 时 T1 处理极显著高于 CK，T2 处理仅在处理 4 d 时显著高于 CK，其他时间 T2 处理与 CK 之间差异不显著。对 LD 5 而言，低温胁迫开始时，T1 处理的叶鞘 CAT 活性就一直极显著高于 CK；T2 处理在 4 d 时显著高于 CK，5 d 时极显著高于 CK。低温条件下外源 ABA 处理能促进水稻叶鞘 CAT 的活性，T1 的效果好于 T2。

7.3　讨论和结论

温度是影响水稻生长发育的重要气象因素之一，生育期遭受低温会引起植物体内生理代谢发生明显变化。相同作物的不同品种之间对低温的应答存在很大区别,不同低温持续时间对同一品种的影响也完全不同。曲辉辉等通过研究指出低温抑制稻穗正常发育,连续低温导致花粉母细胞发育受阻,颖花退化,出现空瘪粒。李健陵等指出低温导致颖花受精率和可育率下降,使水稻结实率下降。赵国珍等指出低温诱导水稻结实率降低,造成减产。

ABA 是一种重要的植物激素,在植物对胁迫耐受性和抗性中发挥着重要作用。逆境条件可诱导 ABA 合成,有报道称 ABA 本身也可以诱导表达 ABA 合成途径中的酶,从而促使 ABA 的进一步合成,合成的 ABA 通过正向反馈机制进一步激活了 ABA 的大量合成,增强了 ABA 信号转导途径,从而使植物更好地适应胁迫环境。外源激素通过改变内源激素水平调节植物生理代谢,低温胁迫下外源 ABA 能够促进植物体内 ABA 的合成和运输,降低细胞膜的损伤,提高保护酶活性,增加可溶性糖、可溶性蛋白等渗透调节物质的含量,促进某些酶的重新合成,进而增加植物的抗寒性。

7.3.1 开花期低温胁迫下外源 ABA 与水稻生殖生长的关系

水稻生殖生长过程中遇到低温,可引起障碍型冷害,导致幼穗分化机能紊乱,生殖活动受阻,结实率降低。孕穗期低温导致花药缩小,不育花粉数量增加,结实率降低;开花期低温使得水稻代谢过程遭到破坏,花粉活力和可育性降低,导致花粉的萌发率显著下降,最终造成结实率下降。在一定的低温范围内,外源

ABA 能够诱导作物抵御低温,水稻遭受低温后内源 ABA 激活水稻适应逆境的机制,增加抗冷性。本章研究结果表明,外源 ABA 能在一定程度上缓解低温对水稻结实率的影响,这是因为外源 ABA 影响了水稻内源激素的合成,形成了新的动态平衡,以适应新的生育环境。

7.3.2 开花期低温胁迫下外源 ABA 调控水稻内源激素含量

激素是植物生长发育的重要调节物质,广泛参与作物生理过程的调节,有研究表明,不同种类的激素之间存在着相互促进和相互拮抗的生理效应,植物激素间的动态平衡对植物生长发育的调节作用更为重要。段娜等指出内源激素在植物生长发育中发挥重要的作用,其含量变化在植物响应非生物胁迫中扮演关键角色。逆境条件下,作物产生响应的激素信号分子以抵御逆境胁迫,ABA 是低温逆境下的重要信号因子,对细胞的微管结构具有保护作用,低温条件下植物体内大量快速积累 ABA,同时发挥其保护功能。GA 是一类能促进作物生长的植物激素,被认为与作物的抗寒性有关,但是作用效果不如 ABA 明显。内源 IAA 是促进类的生长激素,由植株生育顶端合成,所以在植株遭遇逆境时,生长受到抑制,IAA 合成量会随之减少。王兴等指出随着气温降低,植物生活活力下降,其内源激素发生明显变化,主要表现为 ABA 大量增多,IAA 和 GA 含量减少。有报道指出植物体内 ABA/GA 的大小比 ABA 含量更能代表植株抗寒性的强弱,这也说明了植株体内多种激素以不同的配比和平衡来调节植物的抗寒性。

低温条件下外源ABA能有效地改变植物体内的激素平衡关系。李馨园等指出低温胁迫下作物内源ABA含量增加,而外施ABA处理能进一步加强内源ABA的合成,使得内源ABA达到更高的含量水平。黄杏等指出低温条件下外源ABA能有效降低甘蔗体内的GA含量,提高ABA含量。Xiang等通过研究指出低温条件下外源ABA能提高水稻叶片内ABA的含量,相同的结果在小麦、柑橘等作物的研究中也得到证实,这与本章研究结果类似。外源ABA施用后,发挥了抵御低温的调节效应,主要原因是其进一步增加了内源ABA含量,诱导作物自身保护系统启动,同时降低了IAA和GA的含量,提高了ABA/GA和ABA/IAA的比值,抑制作物生长发育、降低损耗,各激素之间协同作用以抵御低温胁迫。

7.3.3 开花期低温胁迫下外源ABA影响水稻叶鞘逆境生理指标

多数研究表明低温影响作物逆境生理指标,比如可溶性物质含量、活性氧类物质含量、膜透性物质含量、抗氧化酶系统等。逆境条件下,植物为了减缓由胁迫造成的生理代谢不平衡,细胞大量积累一些小分子有机化合物,通过渗透调节来降低水势,以维持较高的渗透压,保证细胞的正常生理功能。可溶性糖和可溶性蛋白是低温诱导的小分子溶质,这些物质可以参与渗透调节,并可能在维持植物蛋白质稳定方面起到重要作用。低温胁迫下可溶性糖和可溶性蛋白在植物体内会大量积累,可溶性糖通过某些糖代谢途径形成保护性物质,提高植物抵抗低温的能力。植物在低温等逆境条件下,细胞内自由基代谢平衡被破坏而使自由基不断增加,引发或加剧膜脂过氧化。MDA 是细胞膜过氧化的产物,能够抑制细胞保护酶活性,从而加剧膜脂过氧化,同时其本身也是具有细胞毒性的物质,其含量的高低可作为质膜受损的重要指标,胁迫强度越大,MDA 含量越多,MDA 含量与植物抗寒性间呈负相关关系。植物体内脯氨酸是蛋白质的组成成分之一,并以游离态广泛存在于植物体中。当水稻处于低温等逆境环境条件下生长时,其体内就会积累大量的脯氨酸。大量脯氨酸可提高渗透能力,对降低细胞酸度、稳定生物大分子结构具有良好作用,同时积累的脯氨酸也能够充当能量库来协调细胞氧化还原势的生理生化作用。低温条件下,植物体内的脯氨酸含量大量增加,这被认为是植物对低温的适应性反应。保护酶是指植物体内存在的一系列可以防止自由基对植物造成毒害的具有清除活性氧自由基功能的酶。植物细胞可以产生 O^{2-}、OH^-、H_2O_2 等,同时细胞自身还存在一套清除这些自由基的保护酶类,如 SOD、POD、CAT 等。正常情况下,植物能够自动氧化体内不断产生的活性氧类物质,这些物质的产生和清除处于一种动态平衡的状态,所以植物不会受到伤害。但在逆境条件下,植物细胞内的这种动态平衡会被打破,产生大量的具有强氧化性的活性氧类物质,可造成细胞膜脂过氧化反应,进而导致膜系统受到损伤使得作物受到伤害。植物通过 SOD、POD 和 CAT 三者协同作用,使体内的氧自由基维持在较低水平,可以在一定程度上减缓或防御低温胁迫。

低温条件下外源 ABA 能有效地改变植物体内的抗逆生理指标。蒲高斌等指出低温胁迫下外源 ABA 能有效提高西瓜幼苗叶片中 SOD 和 CAT 活性、降低 MDA 的积累,维持膜的完整性,同时促进渗透保护物质脯氨酸和可溶性糖的增加,增强植株的抗冷性,同时其也表明这是外源 ABA 有效提高西瓜幼苗抗冷性、减轻低温对西瓜苗伤害的主要生理基础。孙哲等指出逆境条件下外源 ABA 能有效提高作物体内的 SOD、POD 活性,有效增加脯氨酸含量,减少 MDA 的积累,提高作物抗逆性。Xiang 等指出低温条件下外源 ABA 能提高水稻叶片内脯氨酸、可溶性糖和可溶性蛋白含量,有效提高 SOD、POD 和 CAT 活性,增强水稻的抗冷性。本研究结果与上述报道类似,低温条件下施用外源 ABA 后,SOD、POD 和 CAT 活性明显提高,可溶性物质含量提高,降低了 MDA 的积累,提高了作物的抗冷性。

7.3.4 结论

1. 开花期低温导致水稻花粉活力下降,结实率降低。外源 ABA 能够缓解低温伤害,一定时间范围内能控制水稻结实率的降低,使用浓度 20 $mg \cdot L^{-1}$的效果较好。

2. 开花期低温导致水稻叶鞘内源 ABA 含量增加,IAA 和 GA 含量下降。外源 ABA 可显著促进内源 ABA 含量的增加,显著降低 IAA 和 GA 含量,同时促进 ABA/GA、ABA/IAA 的提高,以 20 $mg \cdot L^{-1}$ 的使用浓度效果好。

3. 开花期低温导致水稻叶鞘逆境生理指标发生变化,低温促进 SOD、POD 和 CAT 活性的提高,促进可溶性糖、可溶性蛋白、脯氨酸和 MDA 含量的提高,同时提高了相对电导率。外源 ABA 具有抵御低温,保护作物,降低伤害的作用,其能有效增加可溶性物质、脯氨酸的含量,降低 MDA 含量和相对电导率,同时也能相应地提高保护酶活性。

参考文献

[1] 曾宪国, 项洪涛, 王立志, 等. 孕穗期不同低温对水稻空壳

率的影响[J]. 黑龙江农业科学, 2014(6): 19 -21.

[2] 项洪涛, 王彤彤, 郑殿峰, 等. 孕穗期低温条件下 ABA 对水稻结实率及叶片生理特性的影响[J]. 中国农学通报, 2016, 32(36):16 -23.

[3] 任红茹, 荆培培, 胡宇翔, 等. 孕穗期低温对水稻生长及产量形成的影响[J]. 中国稻米, 2017, 23(4):56 -62.

[4] 王立志, 孟英, 项洪涛, 等. 黑龙江省水稻冷害发生情况及生理机制[J]. 黑龙江农业科学, 2016(4):144 -150.

[5] 施大伟, 张成军, 陈国祥, 等. 低温对高产杂交稻抽穗期剑叶光合色素含量和抗氧化酶活性的影响[J]. 生态与农村环境学报, 2006, 22(2):40 -44.

[6] 邓化冰, 王天顺, 肖应辉, 等. 低温对开花期水稻颖花保护酶活性和过氧化物积累的影响[J]. 华北农学报, 2010, 25(S2):62 -67.

[7] 邓化冰, 车芳璐, 肖应辉, 等. 开花期低温胁迫对水稻花粉性状及剑叶理化特性的影响[J]. 应用生态学报, 2011, 22(1):66 -72.

[8] 项洪涛, 王立志, 王彤彤, 等. 孕穗期低温胁迫对水稻结实率及叶片生理特性的影响[J]. 农学学报, 2016, 32(11): 1 -7.

[9] 蒲高斌, 张凯, 张陆阳, 等. 外源 ABA 对西瓜幼苗抗冷性和某些生理指标的影响[J]. 西北农业学报, 2011, 20(1): 133 -136.

[10] 田小霞, 孟林, 毛培春, 等. 低温条件下不同抗寒性薰衣草内源激素的变化 [J]. 植物生理学报, 2014, 50(11): 1669 -1674.

[11] 邓凤飞，杨双龙，龚明. 外源 ABA 对低温胁迫下小桐子幼苗脯氨酸积累及其代谢途径的影响[J]. 植物生理学报, 2015, 51(2):221 - 226.

[12] 黄杏，陈明辉，杨丽涛,等. 低温胁迫下外源 ABA 对甘蔗幼苗抗寒性及内源激素的影响[J]. 华中农业大学学报, 2013, 32(4):6 - 11.

[13] 方彦，武军艳，孙万仓,等. 外源 ABA 浸种对冬油菜种子萌发及幼苗抗寒性的诱导效应[J]. 干旱地区农业研究, 2014, 32(6):70 - 74.

[14] 孙哲，范维娟，刘桂玲,等. 干旱胁迫下外源 ABA 对甘薯苗期叶片光合特性及相关生理指标的影响[J]. 植物生理学报, 2017, 53(5):873 - 880.

[15] 李合生，孙群，赵世杰，等. 植物生理生化实验原理和技术[M]. 北京：高等教育出版社,2000.

[16] 张宪政. 作物生理研究法[M]. 北京：农业出版社，1992.

[17] 张军，韩碧文,何钟佩，等. 植物激素酶联免疫测定基础[J]. 北京农业大学学报，1991，17:139 - 148.

[18] 曲辉辉，姜丽霞，朱海霞，等. 孕穗期低温对黑龙江省主栽水稻品种空壳率的影响[J]. 生态学杂志，2011,30(3): 489 - 493.

[19] 李健陵，霍治国，吴丽姬，等. 孕穗期低温对水稻产量的影响及其生理机制[J]. 中国水稻科学，2014,28(3): 277 - 288.

[20] 赵国珍，YANG Sea-jun，YEA Jong-doo，等. 冷水胁迫对云南粳稻育成品种农艺性状的影响[J]. 云南农业大学学报(自然科学版)，2010,25(2)：158 - 165.

[21] 吴耀荣，谢旗. ABA 与植物胁迫抗性[J]. 植物学通报，2006,23(5)：511－518.

[22] 刘丽杰，苍晶，于晶，等. 外源 ABA 对冬小麦越冬期蔗糖代谢的影响[J]. 植物生理学报，2013，49（11）：1173－1180.

[23] 叶昌荣，戴陆园，王建军，等. 低温冷害影响水稻结实率的要因分析[J]. 西南农业大学学报，2000，22（4）：307－309.

[24] 李馨园，杨晔，张丽芳，等. 外源 ABA 对低温胁迫下玉米幼苗内源激素含量及 Asr1 基因表达的调节[J]. 作物学报，2017,43(1):141－148.

[25] 苏华，徐坤，刘伟，等. 大葱花芽分化过程中内源激素的变化[J]. 园艺学报，2007,34(3):671－676.

[26] 段娜，贾玉奎，徐军，等. 植物内源激素研究进展[J]. 中国农学通报，2015,31(2):159－165.

[27] 刘学庆，孙纪霞，丁朋松，等. 低温胁迫对蝴蝶兰内源激素的影响[J]. 江西农业大学学报，2012,34(3):464－469.

[28] 王兴，于晶，杨阳，等. 低温条件下不同抗寒性冬小麦内源激素的变化[J]. 麦类作物学报，2009,29(5)：827－831.

[29] 沈漫. 常春藤质膜透性和内源激素与抗寒性关系初探[J]. 园艺学报，2005,32(1):141－144.

[30] 李春燕，徐雯，刘立伟，等. 低温条件下拔节期小麦叶片内源激素含量和抗氧化酶活性的变化[J]. 应用生态学报，2015,26(7)：2015－2022.

[31] 邓化冰，史建成，肖应辉，等. 开花期低温胁迫对水稻剑叶保护酶活性和膜透性的影响[J]. 湖南农业大学学报(自然

科学版), 2011, 37 (6): 581 – 585.

[32] 刘涛, 何霞红, 李成云, 等. 不同低温处理对元阳梯田传统水稻品种孕穗期保护酶活性的影响[J]. 分子植物育种, 2014, 12(3): 525 – 529.

[33] 赵江涛, 李晓峰, 李航, 等. 可溶性糖在高等植物代谢调节中的生理作用[J]. 安徽农业科学, 2006, 34 (24): 6423 – 6425.

[34] 李防洲, 冶军, 侯振安. 外源调节剂包衣对低温胁迫下棉花种子萌发及幼苗耐寒性的影响[J]. 干旱地区农业研究, 2017, 35(1): 192 – 197.

[35] 李海林, 殷绪明, 龙小军. 低温胁迫对水稻幼苗抗寒性生理生化指标的影响[J]. 安徽农学通报, 2006, 12 (11): 50 – 53.

[36] 张桂莲, 张顺堂, 肖浪涛, 等. 抽穗开花期高温胁迫对水稻花药、花粉粒及柱头生理特性的影响[J]. 中国水稻科学, 2014, 28(2):155 – 166.

[37] 汤章城. 逆境条件下植物脯氨酸的累积及其可能的意义[J]. 植物生理学通讯, 1984(1):17 – 23.

[38] 赵福庚, 刘友良. 胁迫条件下高等植物体内脯氨酸代谢及调节的研究进展[J]. 植物学通报, 1999, 16 (5): 540 – 546.

[39] 王荣富. 植物抗寒指标的种类及其应用[J]. 植物生理学通讯, 1987(3):51 – 57.

[40] 姜卫兵, 高光林, 俞开锦, 等. 水分胁迫对果树光合作用及同化代谢的影响研究进展[J]. 果树学报, 2002, 19(6): 416 – 420.

[41] Teixeira E. I. , Fischer G. , van Velthuizen H. , et al. Global hot-spots of heat stress on agricultural crops due to climate change [J]. Agricultural and Forest Meteorology, 2013, 170: 206 -215.

[42] Cheng C. , Yun K. Y. , Ressom H. , et al. An early response regulatory cluster induced by low temperature and hydrogen peroxide in seedlings of chilling-tolerant japonica rice[J]. BMC Genomics,2007,8(1):175.

[43] Oliver S. N. , Dennis E. S. , Dolferus R. ABA regulates apoplastic sugar transport and is a potential signal for cold-induced pollen sterility in rice[J]. Plant and Cell Physiology, 2007, 48(9):1319 -1330.

[44] Xiang H. , Wang T. , Zheng D. , et al. ABA pretreatment enhances the chilling tolerance of a chilling-sensitive rice cultivar [J]. Brazilian Journal of Botany,2017,40(4):853 -860.

[45] Aakash C, Angelica L, Björn O,et al. Global expression profiling of low temperature induced genes in the chilling tolerant japonica rice Jumli Marshi [J]. Plos One, 2013, 8 (12):e81729.

[46] Howell K. A. , Narsai R. , Carroll A. , et al. Mapping metabolic and transcript temporal switches during germination in rice highlights specific transcription factors and the role of RNA instability in the germination process [J]. Plant Physiology, 2009, 149(2):961 -980.

[47] Gomez C. A. , Arbona V. , Jacas J. , et al. Abscisic acid reduces leaf abscission and increases salt tolerance in citrus

plants[J]. Journal of Plant Growth Regulation, 2003, 21: 234 - 240.

[48] Iqbal M., Ashraf M., Rehman S., et al. Does polyamine seed pretreatment modulate growth and levels of some plant growth regulators in hexaploid wheat (*Triticum aestivum* L.) plants under salt stress[J]. Botanical Studies, 2006, 47: 239 - 250.

[49] Sun X. C., Hu C. X., Tan Q. L.. Effects of molybdenum on antioxidative defense system and membrane lipid peroxidation in winter wheat under low temperature stress [J]. Journal of Plant Physiology and Molecular Biology, 2006, 32(2):175.

[50] Javadian N., Karimzadeh G., Mahfoozi S., et al. Cold-induced changes of enzymes, proline, carbohydrates, and chlorophyll in wheat[J]. Russian Journal of Plant Physiology, 2010, 57(4):540 - 547.